DFG

Paläontologische Forschung
Stand und Ausblick 1991

VCH

Vertrieb:
VCH, Postfach 10 11 61, D-6940 Weinheim
(Bundesrepublik Deutschland)
Schweiz: VCH, Postfach, CH-4020 Basel (Schweiz)
United Kingdom und Irland: VCH (UK) Ltd., 8 Wellington Court,
Cambridge CB1 1HZ (England)
USA und Canada: VCH, Suite 909, 220 East 23rd Street,
New York, NY 10010-4606 (USA)

ISBN 3-527-27391-3 ISSN 0341-8847

DFG Deutsche Forschungsgemeinschaft

Paläontologische Forschung
Stand und Ausblick 1991

Mitteilung XXI
der Senatskommission für
Geowissenschaftliche
Gemeinschaftsforschung

VCH

Deutsche Forschungsgemeinschaft
Kennedyallee 40
D-5300 Bonn 2
Telefon: (02 28) 8 85-1
Telefax: (02 28) 8 85 22 21

Die Deutsche Bibliothek – CIP-Einheitsaufnahme
Paläontologische Forschung : Stand und Ausblick 1991 / DFG,
Deutsche Forschungsgemeinschaft. – Weinheim : VCH, 1992
(Mitteilung ... der Senatskommission für Geowissenschaftliche
Gemeinschaftsforschung / DFG, Deutsche Forschungsgemeinschaft 21)
ISBN 3-527-27391-3
NE: Deutsche Forschungsgemeinschaft; Deutsche
Forschungsgemeinschaft / Kommission für Geowissenschaftliche
Gemeinschaftsforschung: Mitteilung ...

Gedruckt auf säurefreiem und chlorarm gebleichtem Papier.

Satz: Hagedornsatz, D-6806 Viernheim. Druck: betz-druck gmbh, D-6100 Darmstadt 12.
Printed in the Federal Republic of Germany.

Geleitwort

Die vorliegende Schrift ist auf eine schon Mitte der 80er Jahre erfolgte Anregung der Senatskommission für Geowissenschaftliche Gemeinschaftsforschung („Geokommission“) zurückzuführen. Hier ist vor allem Willi Ziegler zu nennen, der als Vorsitzender der Geokommission bis 1985 und als Mitglied bis Mitte 1990 tätig war und stetig auf die Entwicklungen, Meriten und Nöte, aber vor allem auch Chancen und Perspektiven „seiner“ Disziplin, der Paläontologie, aufmerksam machte.

Die Geokommission fühlt sich der Förderung der interdisziplinären Forschung innerhalb der Geowissenschaften verbunden. Sie unterstützt daher ausdrücklich den auf den folgenden Seiten von zahlreichen Kollegen der Paläontologie und Geologie zusammengetragenen Aufgaben- und Zielkatalog der paläontologischen Forschung, der sinnvoll nur im fächerübergreifenden Verbund zum Beispiel mit Geologie, Geochemie oder Biologie zu bewältigen ist. Eine vergleichbare Initiative, die über die „Situation geologischer Forschung in der Bundesrepublik Deutschland“ unterrichten will, ist kürzlich durch die Deutsche Geologische Gesellschaft in deren „Nachrichten“ veröffentlicht worden.

Die Geokommission versucht, die verschiedenen geowissenschaftlichen Fächer zu einer engeren interdisziplinären Kooperation zusammenzuführen und die Forschungsarbeiten der deutschen Geowissenschaftler im In- und Ausland untereinander abzustimmen. Sie berät die Deutsche Forschungsgemeinschaft bei der Förderung der geplanten und durchgeführten Forschung, so zum Beispiel bei der Etablierung von Schwerpunktprogrammen, Forschergruppen, Sonderforschungsbereichen, Hilfseinrichtungen sowie bei umfangreicheren „gebündelten“ Anträgen im Normalverfahren. Allerdings ist die Begutachtung eingereichter Forschungsvorhaben nicht Sache der Geokommission. Hierfür sind allein die Fachgutachter zuständig.

Neben der Planung, Abstimmung und Betreuung geowissenschaftlicher Gemeinschaftsprojekte gilt die Tätigkeit der Geokommission auch den strukturellen Fragen der geowissenschaftlichen Fächer, die sich aus der Verflechtung spezieller Zweige der Forschung ergeben.

In diesem Mitteilungsheft, für dessen Zustandekommen dem „Forschungskollegium Paläontologie“ und vor allem Norbert Schmidt-Kittler zu danken ist, wird die Stellung paläontologischer Forschung in den Natur- und Geowissenschaften umrissen. Dabei wird deutlich, daß jegliche erdgeschichtliche Interpretation der anorganischen oder organischen Entwicklung der Erde ohne diese Disziplin Stückwerk bleiben muß.

Die Paläontologie ist ein zentraler Baustein im Gebäude der Geowissenschaften, der nicht herausgebrochen werden kann, ohne dem gesamten Bauwerk immensen Schaden zuzufügen.

Karlsruhe, im Februar 1991

Egon Althaus
Vorsitzender der Geokommission
(bis Oktober 1991)

Vorwort

Die Paläontologie erforscht die Geschichte der Biosphäre. Sie beschränkt sich hierbei jedoch nicht allein auf das Nachzeichnen historischer Fakten, welche uns durch die Fossilien aus allen Zeiten der Erdgeschichte überliefert sind, sondern sucht die kausalen Zusammenhänge zwischen den Entwicklungsprozessen der Geo- und Biosphäre offenzulegen.

Nur ein Teil der Fakten ist in numerischen Daten ausdrückbar. Dafür hat sich die Paläontologie ein Problembewußtsein für den Einfluß historischer, nicht vollständig quantifizierbarer Faktoren auf gesetzmäßige Abläufe bewahrt. Die Erarbeitung einer kausalen Morphologie hat dem Rechnung zu tragen.

Auch die in Wechselwirkung mit der Geologie sich ständig entwickelnden neuen Fragestellungen in der Paläontologie sorgen für die besondere Dynamik des Fachs. Die Entwicklung der Geosphäre als Lebensraum steht in diesem Zusammenhang im Zentrum integrierender Forschung.

Was die Paläontologie vermag und was keine andere Forschungsrichtung übernehmen kann, ist die Offenlegung jener Experimente der Natur, die ihren Ausdruck finden in den komplizierten Pfaden der Evolution der Organismen im Zeitraum von mehreren Milliarden Jahren. Hier ist abzulesen, wie das Wechselspiel zwischen Organismus und Umwelt die Evolution bestimmt und welchen Anteil der Faktor Zeit dabei hat. Die Paläontologie gibt Einblick in die Labilität von Gleichgewichten und Reaktionen der Biosphäre auf Veränderungen. Dabei wird Regelhaftes neben historisch Einmaligem deutlich.

Diese Aussagen sollten nicht ohne Einfluß auf das Weltbild sein, das im Abendland traditionell zeitlich statisch ist. Gerade die Paläontologie öffnet hier jedoch den Blick für die Dynamik des Lebens auf der Erde und stellt akzeleratorische Prozesse, zum Beispiel im Bevölkerungswachstum, in einen natürlichen Rahmen. So lehrt die Paläontologie den Umgang mit unserem Lebensraum heute und morgen.

Die Vielfalt des Forschungsspektrums und der Aussagemöglichkeiten der Paläontologie soll in dieser Schrift dargestellt werden, um den Nachbarwissenschaftlern – insbesondere den Geowissenschaftlern und Biologen –, aber auch den Geisteswissenschaftlern den Reichtum dieser Fachrichtung vor Augen zu führen. Dem Paläontologen soll sie bei seiner immer größeren Spezialisierung die vielfachen Querverbindungen seines Fachs ins Bewußtsein rufen.

Die Schrift will auch als Information für Ämter und Ministerien dienen und eine Argumentationshilfe überall dort geben, wo im Ringen um die Mittel eine Einschränkung dieser Wissenschaft erwogen wird. Zugleich kann diese Schrift eine Orientierungshilfe bei der Erstellung von Studienordnungen sein, um den Auszubildenden einen Anschluß an den internationalen Standard sicherzustellen.

Norbert Schmidt-Kittler
(für den Redaktionskreis des Forschungskollegiums)

Diese Schrift ist entstanden durch Textbeiträge und beratende Mitarbeit von:

H. Achilles, Hannover
Ch. Dullo, Kiel
F. Elstner, Hannover
E. Flügel, Erlangen
F. Fürsich, Würzburg
Ch. Hemleben, Tübingen
D. Herm, München
A. v. Hillebrandt, Berlin
H. Keupp, Berlin
W. v. Koenigswald, Bonn
H. P. Luterbacher, Tübingen
D. Maronde, Bonn
F. Plumhoff †, Diessen
W. Riegel, Göttingen
K.-H. Rothausen, Mainz
F. Schaarschmidt, Frankfurt
P. Schäfer, Kiel
M. Schidlowski, Mainz
N. Schmidt-Kittler, Mainz
F. Strauch, Münster
J. Thiede, Kiel
K. Vogel, Frankfurt
O. H. Walliser, Göttingen
F. Westphal, Tübingen
R. Willmann, Kiel
W. Ziegler, Frankfurt

Redaktionelle Leitung: N. Schmidt-Kittler

Verantwortlicher Fachreferent der DFG
Dr. Dietrich Maronde
Deutsche Forschungsgemeinschaft
Postfach 20 50 04
5300 Bonn 2

Inhalt

1 Paläontologie als Bio- und Geowissenschaft

Die Paläontologie ist eine interdisziplinäre Wissenschaft. Ihr Forschungsgegenstand, die Fossilien, macht sie zu einer biowissenschaftlichen Disziplin. Fragen nach den Bauplänen, Lebensfunktionen und Verwandtschaftsbeziehungen der fossilen Organismen können nur auf biologischer Grundlage gelöst werden. Fossilien sind aber andererseits nicht ohne die Ablagerungsgesteine denkbar, in welchen sie eingebettet oder als Lebensspuren überliefert sind. Damit sind Fossilreste bereits durch ihr Auftreten im Gestein mit geologischen Fragestellungen verknüpft.

Mit der Begründung der Paläontologie als Wissenschaft stand zunächst die Biostratigraphie im Zentrum des Interesses. Sie bemüht sich um die zeitliche Korrelation geologischer Ereignisse in der Erdgeschichte. Diese grundsätzlich geologische Information basiert auf dem biologischen Konzept der Veränderlichkeit der Arten in Zeit und Raum. Im Auffinden biologischer Antworten auf primär geologische Fragen äußert sich ein spezifischer Wesenszug der Paläontologie.

Die durch die Überlieferung der Fossilien gegebene erdgeschichtliche Zeitdimension begründet zugleich den spezifischen Beitrag der Paläontologie zur Biologie. Zahlreiche Organismengruppen wären, als Zeugen besonderer Wege der Evolution, ohne das fossile Dokument nie zu unserer Kenntnis gelangt. Die Überlieferung von Vorformen heute lebender Pflanzen und Tiere spielte nicht zuletzt eine wichtige Rolle im Wissenschafts- und Weltanschauungsstreit um die Deszendenztheorie: Die Paläontologen untermauerten durch ihre Funde die Richtigkeit des Evolutionsgedankens.

Aus der Systematik und Biostratigraphie als ältesten Forschungsgebieten der Paläontologie heraus haben sich inzwischen zahlreiche eigenständige paläontologische Arbeitsrichtungen entwickelt. Dies geschah in enger Wechselwirkung mit Fortschritten in ihren Nachbardisziplinen, der Biologie und Geologie. So haben die in jüngster Zeit gewonnenen Erkenntnisse der Evolutionsbiologie die eigenständige Problematik um die Prozesse der Makroevolution um so deutlicher hervortreten lassen. Untersuchungen über die Veränderung von Bauplänen und Funktionsweisen der Organismen in der Zeit erlangen damit zunehmende Bedeutung. Andererseits sind die Biofazies- und Mikrofazieskunde sowie die Fossildiageneseforschung in engem Verbund mit Fortschritten in der Sedimentologie und Sedimentpetrographie gewachsen. In der Entwicklung von Methoden zur Charakterisierung von Lebensräumen und damit zur Rekonstruktion ehemaliger Ablagerungsräume haben sie ihrerseits Einfluß auf sedimentologische Konzepte gewonnen. Es ist kennzeichnend für die paläontologische Arbeitsweise, daß ihre wissenschaftlichen Themen – auch wenn diese aus einem geologischen Zusammenhang heraus formuliert wurden – stets in biologische Fragen einmünden.

1.1 Die biowissenschaftliche Bedeutung paläontologischer Information

Die Arbeitsmethoden der morphologisch orientierten Biologie und Paläontologie wurden seit Beginn des vergangenen Jahrhunderts entwickelt und ausgebaut. Sie haben gemeinsam die grundlegende Bestandsaufnahme und Ordnung des Organischen geleistet.

Als ihr methodisches Grundprinzip führte die Homologienforschung zu dem Konzept der abgestuften Verwandtschaft aller Organismen. Sie war damit wesentliche Voraussetzung für den Erfolg des Evolutionsgedankens. Gleichzeitig hatte die Homologienforschung Anschaulichkeit für sich. Sie ließ sich einem breiten Kreis von Interessierten auch außerhalb der Biologie vermitteln, da wesentliche morphologische Übereinstimmungen zwischen verwandten Tieren auch dem nicht wissenschaftlich vorgebildeten Betrachter deutlich wurden.

Die Vorstellung von einer abgestuften Verwandtschaft aller Organismen befand sich einerseits im Einklang mit dem sich zunehmend durchsetzenden Evolutionsverständnis, war aber gleichzeitig auch mit essentialistischen Naturvorstellungen vereinbar. Damit bildete die Morphologie in ihrer ursprünglichen nichtkausalen Arbeitsweise eine in sich abgeschlossene Wissenschaft, die nicht der anderen biologischen Disziplinen bedurfte und daher von sich aus auch nicht die Verbindung zu ihnen suchte.

Von der beschreibenden zur kausalen Morphologie

Mit der Untermauerung der Evolutionstheorie durch die Genetik, mit der Gründung neuer Arbeitsrichtungen, etwa der Molekularbiologie und Zellbiologie in diesem Jahrhundert, aber auch durch die Fortschritte der Physiologie, wandelte sich die Biologie von einer deskriptiven zu einer kausalen Wissenschaft. Ihre Ergebnisse haben gezeigt, daß die traditionell von der Morphologie untersuchte Organisation der Lebewesen in vielfacher Weise von Vorgängen und Gegebenheiten bestimmt wird, die jenseits der Reichweite morphologischer Untersuchungsmöglichkeiten liegen. In den Fragestellungen der modernen biologischen Disziplinen hat sich die herkömmliche Morphologie als Wissenschaft aufgelöst. In den immer mehr in die Einzelheiten führenden Untersuchungen von Lebensvorgängen lassen sich stets nur die Gesetzmäßigkeiten finden, die bereits aus der Erforschung der anorganischen Natur bekannt sind.

Erst die Zusammenschau der Einzelvorgänge, erst der Blick auf ihre Wechselbeziehungen in einem System kohärenter Funktionen und Konstruktionen läßt die Eigenständigkeit des Organischen wieder hervortreten. Die morphologischen Merkmale der Lebewesen sind in dieser Sichtweise nur zusammen mit allen anderen Erscheinungen des Organischen – bis hin zu den molekularbiologischen Gegebenheiten – sinnvoll interpretierbar. Eine kausal argumentierende, erklärende Morphologie muß die enge Verflechtung aller Organisationsebenen und Funktionen in Lebewesen berücksichtigen (Abb. 1). Dies hat unmittelbare Konsequenzen auch für die Arbeitsweise der Paläontologie. Umgekehrt können Biochemie und Molekularbiologie ohne kausale Morphologie nicht zu einem Verständnis von Organismen führen. Die von ihnen beschriebenen Prozesse geben nämlich biologisch nur dann Sinn, wenn sie funktions- und konstruktionsgerecht in die organischen Systeme eingegliedert sind.

Organismen, Organe, Merkmalsgefüge sind über die Leistungen zu verstehen, die sie erbringen. Diese spiegeln die inneren Organisationsbedingungen, aber auch die durch die Außenwelt bedingten Anforderungen wider. Evoluierende organische Systeme sind nur denkbar in Verbindung mit dem ihnen zugehörigen Apparat der genetischen Informationsweitergabe. Dieser bildet die Datenbank, die gewährleistet, daß das in der Evolution bereits Erworbene immer wieder abgerufen werden kann. Die bei der Informationsweitergabe unterlaufenden Kopierfehler bringen erst die Möglichkeit evolutiver Veränderung mit sich. Dennoch kommt dem genetischen Apparat als Erbträger beim Aufbau neuer und immer komplexerer Strukturen während der Evolution nur eine Teilbedeutung zu. Denn der Organismus als Funktionsträger stellt sich ihm gegenüber in seiner Evolution als ein autonomes System dar: Aus dem Angebot der genetischen Variation werden nur diejenigen Veränderungen integriert, welche sich im internen Zusammenspiel der Konstruktionen und Funktionen und in der jeweils gegebenen Umwelt als vorteilhaft erweisen. Die Abhängigkeit vom genetischen Apparat besteht darin, daß unter den möglichen Evolutionswegen nur diejenigen beschritten werden können, für die zum richtigen Zeitpunkt brauchbare Mutationen bereitstehen.

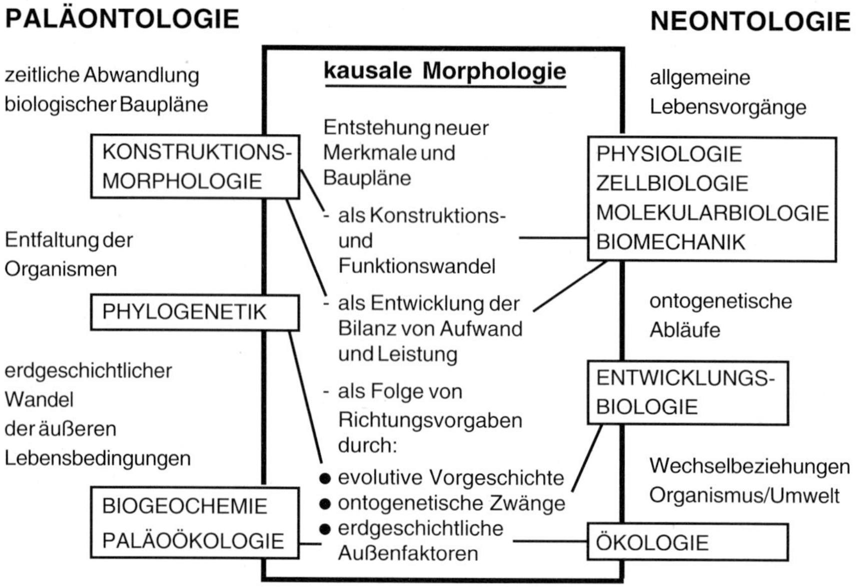

Abb. 1: Kausale Morphologie als Verbindung der Paläontologie und Neontologie in der Evolutionsforschung.

Unsere Fragen zum Verständnis der Organismen richten sich damit auf das Zusammenspiel ihrer Lebensfunktionen selbst. Zugleich wird klar, daß dieses Zusammenspiel nicht ohne die jeweils durchlaufene evolutive Geschichte denkbar ist.

Die der paläontologischen Forschung zugänglichen, mit Hartteilbildungen verbundenen Organe sind vor allem Stützskelette, Schutzbildungen der Körperoberfläche, Bewegungsapparate und Einrichtungen der mechanischen Nahrungsaufschließung. Fossile Hartteile erschließen sich dem Verständnis in dem Maße, in dem ihre funktionelle Einbettung in den Gesamtorganismus rekonstruiert werden kann. Wird dies erreicht, so lassen sie in ihrer zeitlichen Abwandlung wichtige Rückschlüsse auf die Evolution des Gesamtsystems Organismus und seine Umweltbezüge zu. Noch mehr als bisher müssen deshalb paläontologische Forschungsansätze mit Fragestellungen der Rezentbiologie, d.h. der Neontologie, koordiniert werden, sei dies durch die Einbeziehung des jeweils einschlägigen neontologischen Kenntnisstands oder durch Verbundforschung gemeinsam mit Vertretern neontologischer Arbeitsrichtungen.

1.2 Die geowissenschaftliche Bedeutung paläontologischer Information

Die modernen Geowissenschaften richten sich immer mehr auf das Verständnis der globalen Prozesse, die die Geschichte unseres Planeten prägen. Eine bedeutende Rolle kommt dabei neben der Untersuchung alter Krustenteile und der Geodynamik des Erdmantels der Erforschung der Geschichte der Sedimenthülle zu. Das Alter, die räumliche Verteilung und die Bildungsbedingungen der Ablagerungen der Meere und Festländer erlauben Rückschlüsse auf die Vorgänge an geotektonischen Plattenrändern, die Entstehung der Ozeane und die kausalen Zusammenhänge zwischen regionalen und globalen Entwicklungen auf der Erdoberfläche.

Die Voraussetzungen zur Lösung der hier entstehenden Fragen bilden nicht allein strukturgeologische und geophysikalische Untersuchungen, sondern auch die Erforschung der in den Ablagerungen überlieferten fossilen Organismen. Die gerichtete Evolution der Organismen liefert uns durch die Methoden der Biostratigraphie die Kriterien zur zeitlichen Datierung und globalen Korrelation der Sedimentfolgen. Über die Erforschung der Lebensansprüche der fossil überlieferten Organismen gewinnen wir Hinweise auf die Bildungsbedingungen der Ablagerungen und die Entwicklung signifikanter Parameter wie Sauerstoffgehalt und Paläoströmungen der Weltmeere, Paläotemperaturen und Paläoklima. Die Lebensäußerungen der Organismen liefern zudem den Schlüssel zum Verständnis organisch gesteuerter oder ganz wesentlich organisch beeinflußter globaler Stoffbilanzen, wie etwa der Kalziumkarbonat-, Kieselsäure-, Kohlenstoff- und Phosphathaushalte.

Sich so ergebende Fragestellungen erfordern eine enge interdisziplinäre Zusammenarbeit zwischen Paläontologen und Geologen. Der im deutschsprachigen Raum bestehende gemeinsame Studiengang der Geologie und Paläontologie macht deutlich, daß in der Themenwahl und Praxis der Forschung vielfach keine Abgrenzung zur Nachbarwissenschaft Geologie möglich ist. Paläontologen sind so durch ihren Studiengang befähigt, die für sie erforderlichen geologischen Daten zur Lithostratigraphie, Strukturgeologie und Entstehung von Sedimentgesteinen selbst zu gewinnen. Damit ist es auch nicht verwunderlich, wenn biostratigraphisch und fazieskundlich arbeitende Paläontologen mit dem Einsatz ihrer spezifisch biowissenschaftlichen Methoden unmittelbar an geologischen Forschungsprogrammen – etwa zur Entstehung der Ozeanböden oder zur Genese und zeitlichen Entwicklung von Ablagerungsräumen – mitarbeiten. Innovative geologische Forschungskonzepte auf diesen Gebieten führen ihrerseits auch zu neuen Fragen an das Fossilmaterial und geben damit Anstöße zu neuen paläontologischen Untersuchungen.

1.3 Die Verflechtung der Fragestellungen in der Paläontologie

Die Organismen der Gegenwart unterliegen durch ihren Bezug zur Umwelt den physischen Bedingungen etwa der Landoberflächen, des Meeres oder Meeresgrundes und sind damit von aktuogeologischen Prozessen abhängig, die direkt beobachtbar sind.

Die den Fossilien zugeordnete ehemalige Außenwelt muß dagegen durch eine Kombination von paläontologischen und geologischen Beobachtungen und Überlegungen erschlossen werden. Ähnliches gilt für die Veränderungen, welche Einzelorganismen oder ganze Artengesellschaften nach ihrem Absterben bis zu ihrer endgültigen Einbettung und Fossilwerdung im Gestein erfahren haben. Sie können mit Hilfe von geologischen, mineralogischen und geochemischen Untersuchungen ermittelt werden. Zur sachgerechten Auswertung der Fossilinformation sind daher fundierte geologische Kenntnisse und auch geologische, mineralogische und geochemische Arbeitsmethoden unbedingt erforderlich.

Andererseits sind die im paläontologischen Dokument überlieferten Hartteilkonstruktionen Teile komplexer organischer Beziehungsgefüge. Ihre anatomischen Besonderheiten und Funktionen hängen eng mit physiologischen, biomechanischen, zellbiologischen und molekularbiologischen Gegebenheiten zusammen. Fortschritte in ihrer Interpretation ergeben sich damit aus der Kenntnisvermehrung in neontologischen Arbeitsrichtungen.

Die Struktur von Fossilgesellschaften und deren Reaktionen auf Milieuveränderungen werden in dem Maße verstehbar, wie Spezialisierungen und Toleranzen der Einzelarten bekannt sind. Auch hier bilden biologische Fragen die Basis für den paläontologischen Forschungsansatz.

Wurden aus paläontologischen Untersuchungen allgemeinere Kenntnisse über die Lebensansprüche fossiler Organismen gewonnen, so geben diese wiederum Auskunft über Umweltparameter, die in dem jeweiligen Siedlungsraum geherrscht haben. Damit erhalten wir z. B. Informationen über Wassertemperaturen, Wassertiefen, Strömungsverhältnisse im Meer oder Feuchtigkeitsbedingungen auf dem Land, die zum Verständnis geologischer Zusammenhänge erforderlich sind.

Paläontologische Ergebnisse liefern aber dem Geologen nicht nur brauchbare Daten. Sie werfen auch neue geologische Probleme auf. Beispiele hierfür seien der rasche Evolutionserfolg fossiler Mikroplankton-Formen zu bestimmten Zeiten der Erdvergangenheit oder plötzliche Aussterbeereignisse vieler Organismengruppen, die neben biologischen auch geologische Ursachen vermuten lassen.

Welche Untersuchungsziele auch jeweils im Vordergrund stehen mögen, stets führen paläontologische Problemstellungen auf biologische Fragen zurück. Innovative Forschung in der Paläontologie muß ganz wesentlich aus biowissenschaftlichen Fragestellungen heraus entwickelt werden. Dies trifft für alle Aspekte der aus der Fossilüberlieferung erschließbaren Lebenserscheinungen zu.

Es gilt also, bei unverminderter Förderung der gewachsenen und fruchtbaren Verbindungen zur Nachbarwissenschaft Geologie, die sich eröffnenden Möglichkeiten zur weiteren Intensivierung paläontologischer Forschung nicht ungenutzt zu lassen. Diese liegen in einer zunehmenden interdisziplinären Zusammenarbeit mit den neontologischen Fächern der Biowissenschaften.

2 Paläontologische Grundlagenforschung und Forschungsschwerpunkte

Die paläontologischen Arbeitsgebiete spiegeln eine breitgespannte Palette von Problemstellungen wider, die sich zu größeren, untereinander enger zusammenhängenden Themengebieten gruppieren lassen:

Die Konstruktionsmorphologie der Fossilformen, die Biomineralisationsforschung und die Phylogeneseforschung ordnen sich zusammen mit der paläontologischen Systematik und Teilen der Paläoökologie dem Aspekt der Evolution des Einzelorganismus unter. Biologische Frageansätze stehen hier im Vordergrund.

Fragen der Evolution von fossilen Artengemeinschaften in ihrer sedimentären Umwelt werden in der faziesorientierten Paläoökologie, Biofazieskunde und Paläobiogeographie behandelt. Die Mikrofazieskunde, Fossildiageneseforschung und Biostratinomie sind in ihren Zielrichtungen eng mit diesen verbunden, stellen aber insofern interdisziplinäre Arbeitsrichtungen dar, als sie sich gleichzeitig auf sedimentologische und sedimentpetrographische, d. h. geologische, mineralogische und geochemische Frageansätze stützen.

Die beiden genannten biologisch und geologisch orientierten großen Themengebiete sind vielfach miteinander verknüpft. Besonders wichtige Querverbindungen bestehen in den Fragen nach dem Einfluß wechselnder Lebensbedingungen in der Erdgeschichte auf den Gang der Evolution.

Die Arbeitsgebiete der Paläoklimatologie, Paläoozeanographie und Biogeochemie sind interdisziplinäre Richtungen, die wesentliche Impulse auch aus der Paläontologie, d. h. aus den Ergebnissen zur Evolution, synökologischen Dynamik und Außenweltbindung fossiler Organismen erhalten.

Die Biostratigraphie ist ihrem Wesen nach eine Arbeitsrichtung der angewandten Paläontologie. Sie stützt sich auf die vergleichende Morphologie und Taxonomie und auf Ergebnisse der Evolutionsforschung, z. B. die Untersuchung der zeitlichen Abwandlung von Artlinien als morphologische Reihen. Diese Ergebnisse werden nach international standardisierten Verfahren in biostratigraphische Gliederungssysteme umgesetzt. Sie bilden ihrerseits die Voraussetzung für weitere paläontologische und geologische Forschung, aber auch für die Prospektion sedimentärer Rohstofflagerstätten.

2.1 Paläontologische Evolutionsforschung

Evolutionsforschung kann in einzelnen Bereichen der Gegenwartsbiologie (Neontologie) allein durch die Untersuchung lebender Organismen betrieben werden. So richtet die Evolutionsbiologie ihr Interesse in erster Linie auf die in der Gegenwart beobachtbaren Vorgänge in Populationen lebender Organismen einschließlich ihrer genetischen Grundlage. Auch Konstruktionsmorphologie kann in Teilaspekten als Beschreibung und Analyse der biologischen Leistungen allein von lebenden Organismen aufgefaßt werden. Allerdings führt bereits die Entwicklungsbiologie über diesen Rahmen hinaus, da die Erforschung ontogenetischer Bauprogramme unmittelbar auch zur Frage nach der Entstehung solcher Programme führt. Diese sind das Ergebnis einer langen Folge evolutiver Einzelschritte. Aufgabe der paläontologischen Evolutionsforschung ist es, diese zu rekonstruieren und damit die Bedingungen für Bauplanveränderungen zu erhellen. Evolutive Abläufe in der Zeit zu betrachten bringt auch die Möglichkeit mit sich, allgemeine Evolutionsmuster – etwa Phasen relativ beschleunigter Entwicklung oder Stagnation – zu erkennen.

2.1.1 Erweitertes Evolutionsverständnis durch Fossilinformation

Der bei neontologischer Betrachtungsweise mögliche Rahmen der Gegenwartsbeobachtung ist zeitlich zu eng, um Vorgänge der Merkmalsneubildung in der Evolution zufriedenstellend beschreiben zu können. Die Analyse solcher Prozesse ist nur auf der Basis funktions- und konstruktionsmorphologischer Untersuchungen im weitesten Sinn möglich. Merkmalsneubildungen in der Evolution entstehen zudem nach keinem gleichbleibenden Muster. Vielmehr werden sie maßgeblich von den jeweils herrschenden Umweltfaktoren, d. h. vom erdgeschichtlichen Hintergrundgeschehen mitbestimmt.

In der Betrachtung der biologischen Erscheinungen allein der Gegenwart läßt sich das reduktionistische Programm der exakten Naturwissenschaften im Prinzip ohne Schwierigkeiten durchführen. Auch die Evolutionsbiologie kann sich in einer mit diesem Konzept zu vereinbarenden Weise entfalten. Allerdings kann sie in ihren Untersuchungen stets nur mit bereits fertigen Merkmalen, mit Fertigteilen, arbeiten. Die genetische Manipulation von Merkmalen bringt zwar wertvolle neue Erkenntnisse, etwa zur Struktur ontogenetischer Bauprogramme, und – wenn auch in ihrem Nutzen zum Teil umstritten – technische Möglichkeiten mit sich. Sie vermittelt uns jedoch keine Anhaltspunkte darüber, wie neue Eigenschaften als synorganisierte Strukturen in der Evolution entstehen. Auch sogenannte einfache Merkmale, die durch die Veränderung eines einzigen Genorts abgerufen oder blockiert werden können, sind bereits komplexe Strukturen.

Ein über den Gegenwartsbezug hinausgehender Ansatz der Evolutionsforschung richtet sich auf die zeitliche Aufeinanderfolge von Biokonstruktionen. Ziel der Untersuchungen ist es, aus dem Verständnis von Konstruktionszusammenhängen und Systembedingungen der Organismen heraus bestimmen zu können, in welcher Richtung und über welche Zwischenstufen Organismen evoluieren können. Hier entsteht ein Bild, in dem die Zeitdimension insofern enthalten ist, als zwischen zeitlich notwendig vorgeordneten und späteren Evolutionszuständen unterschieden wird. Die Paläontologie bietet dabei die Möglichkeit, Arbeitshypothesen zu prüfen sowie Entwicklungswege in ihren Einzelschritten zu verstehen.

So liefert die Fossilgeschichte viele Beispiele, in denen objektiv mindereffiziente Konstruktionen und funktionelle Lösungen ihren jeweiligen Trägern dennoch zu langzeitlichem Erfolg verhalfen. Zum Beispiel ging der Entfaltung der heute lebenden Raubtiere zeitlich eine Radiation von nur unvollkommen spezialisierten Raubsäugetieren voraus. Auch bleibt die Erforschung der Biologie der heutigen Großkatzen in allen ihren Aspekten, so vollständig sie auch gelingen mag, nur ein Teilergebnis angesichts der Tatsache, daß in der Geschichte dieser Gruppe Tiere mit wesentlich abweichenden Merkmalen – sogenannte Säbelzahnkatzen – gelebt haben.

Vor dem Hintergrund der uns aus der Gegenwart bekannten Lebensformen trägt das Studium der Fossilien wesentlich neue Aspekte in die Evolutionsbetrachtung hinein und liefert die Voraussetzungen für eine wirklichkeitsnahe Rekonstruktion evolutiver Abläufe. Die Abbildungen 2 und 3 geben Beispiele für den hohen Informationswert von Fossilfunden für das Verständnis der Evolutionsgeschichte heute lebender Organismengruppen.

Viele für das Verständnis biologischer Evolution wesentliche Fragen lassen sich ohne den Beitrag der Paläontologie nicht beantworten:

Hat es sprunghafte Veränderungen in der Evolution von Pflanzen- und Tiergruppen gegeben, und spielen sie eine entscheidende Rolle in der Makroevolution? Änderten sich Artbildungs- bzw. Innovationsraten und Aussterberaten in der Zeit? Wenn ja, lassen sich mögliche Ursachen rekonstruieren? Gab es Zeiten „explosiver“ Evolutionsereignisse (Radiationen), und wie würden sie sich erklären lassen? Wiederholen sich solche Ereignisse etwa periodisch? Welche Konsequenzen hätten sie für die jeweils nachfolgende Evolution gehabt?

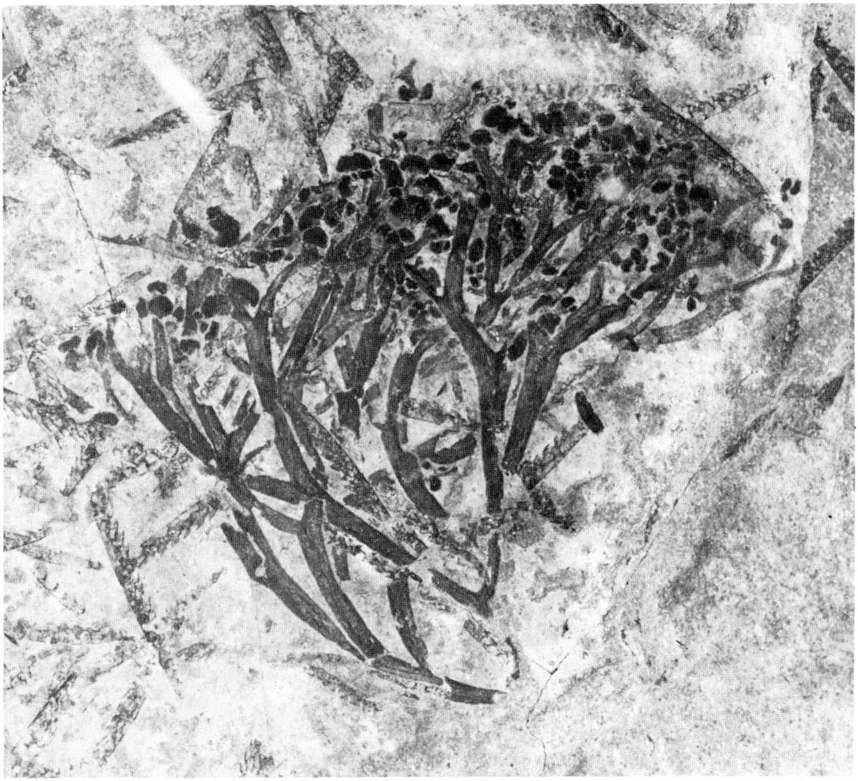

Abb. 2: Evolutionsforschung in der Paläobotanik.
Cooksonia bohemica Schweitzer gehört zu den frühesten Gefäßpflanzen, war gabelig verzweigt und trug endständige Sporenkapseln. Zusammen mit typischen Meeresbewohnern (mit Graptolithen der Gattung *Pristograptus,* Bild) wurde sie in Ablagerungen des böhmischen Altpaläozoikums gefunden. Diese und verwandte Formen liefern den Nachweis dafür, daß die ältesten höheren Pflanzen (Psilophyten) bereits vor über 400 Millionen Jahren im Meer entstanden und erst später das Land besiedelten. Sie sind die Ahnen der Bärlappe, Schachtelhalme und Farne (natürl. Größe).

Kurzum, nur mit Hilfe von Beobachtungen an Fossilien und dem sie einbettenden Gestein können Evolutionsmuster rekonstruiert und kann von ihnen auf bestimmte Evolutionsprozesse geschlossen werden.

Abb. 3: Evolutionsforschung, Systematik, neue Wege der Fossilprospektion und -präparation.
Skara minuta Müller und Walossek. Der Kleinkrebs der Gattung *Skara* aus dem Oberkambrium von Västergötland (Schweden) hat vor mehr als einer halben Milliarde Jahren gelebt. Seine Körperoberfläche ist in allen Einzelheiten durch einen Apatitüberzug erhalten. Dieser und weitere ebenso vollständige Funde werden unser Bild der frühen Evolution der Arthropoden revolutionieren.

2.1.2 Der paläoökologische Aspekt der Evolution

Die artliche Zusammensetzung und das Gefüge von Fossilgesellschaften haben in Wechselwirkung mit den jeweiligen Umweltbedingungen im Verlauf der Erdgeschichte ständige Veränderungen erfahren. Die Fossilgeschichte liefert zahlreiche Beispiele ehemaliger Organismenvergesellschaftungen, die in ihrer ökologischen Struktur gegenüber heutigen Lebensgemeinschaften in grundsätzlichen Aspekten abweichen. So sind Riffgemeinschaften der Meere des Paläozoikums weder in der Verwandtschaft der beteiligten Organismengruppen noch in den von ihnen erzeugten Riffkörpern mit Beispielen der Gegenwart direkt vergleichbar – und im jüngeren Mesozoikum haben korallenähnlich spezialisierte Muscheln die Riffbiotope erobert (Abb. 4).

Nicht nur die Gangbarkeit, sondern auch die Eröffnung neuer Evolutionswege hängen zu einem guten Teil auch von den erdhistorischen Rahmenbedingungen ab. Erdgeschichtliche Faktorenkonstellationen des Klimas, der Geotektonik und Land-Meer-Verteilung, ebenso wie der biogeographischen Entwicklung haben den Gang der Evolution wesentlich mitbestimmt. Die Frage nach dem Einfluß erdgeschichtlicher Bedingungen auf die Evolution stellt eine spezifische Herausforderung an die paläoökologische Forschung dar. Wie haben sich Klimaschwankungen erster Ordnung, etwa Eiszeiten, wie haben sich der Zerfall und die Umverteilung der Kontinentalmassen und damit die Entstehung neuer Meeresgebiete auf die Entfaltung der Organismen ausgewirkt? Hier müssen die Biostratigraphie, die Biofaziesforschung und Paläoklimatologie, aber auch die Paläobiogeographie die erforderlichen Daten erarbeiten. Wichtige Schritte, etwa in der Bioevent-Forschung und der Riff-Forschung, sind bereits vollzogen, doch können diese angesichts der bevorstehenden Aufgaben nur ein Anfang sein.

Außer von anorganischen Milieufaktoren hängt die Entfaltung der Organismengruppen auch von der Spezialisierung und dem relativen Leistungsniveau der übrigen Lebewesen und Mitkonkurrenten der jeweiligen Umwelt ab. Zu ihrer Analyse sind paläoökologische Studien vereint mit konstruktions- und funktionsmorphologischen Untersuchungen vonnöten. Besonders aktuelle Themen sind die Koevolution von Organismen in marinen Fossilgemeinschaften, etwa in Riffbiotopen, aber auch bei landlebenden Organismen, etwa den Blütenpflanzen, Insekten und Säugetieren.

2.1.3 Konstruktions- und Funktionsmorphologie als Instrumente der Evolutionsforschung

Die Konstruktions- und Funktionsmorphologie sind Arbeitsrichtungen der Paläontologie und Neontologie, die den Bau der Organismen und ihrer Teile unter den Gesichtspunkten der Biomechanik und der Funktionen zu erklären versuchen. Im Sinne einer kausalen Morphologie können Konstruktions- und Funktionshypothesen nur unter Einbeziehung der sowohl von der Stammesgeschichte

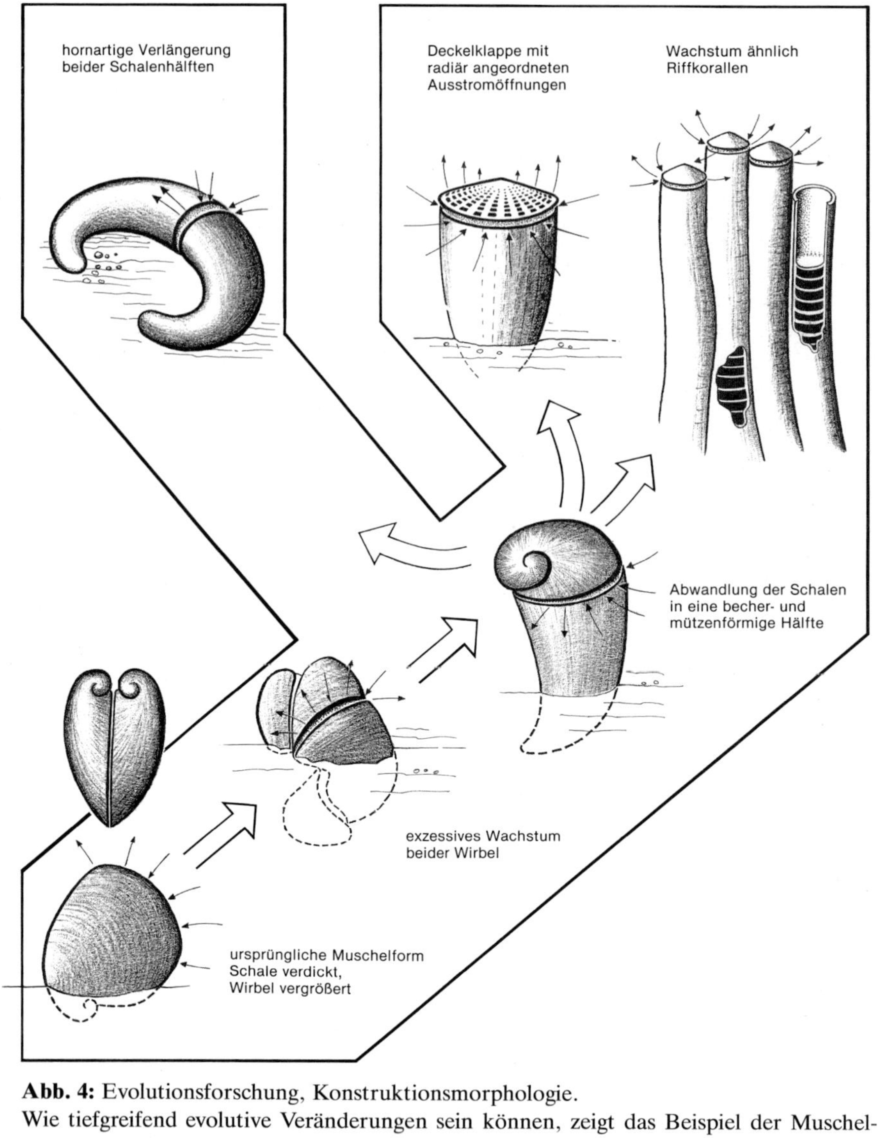

Abb. 4: Evolutionsforschung, Konstruktionsmorphologie.
Wie tiefgreifend evolutive Veränderungen sein können, zeigt das Beispiel der Muschelgruppe der Hippuritaceen. Aus unspezialisierten Vorläufern entwickelten sich in der Kreidezeit sehr unterschiedliche, von den heutigen Muscheln völlig abweichende Lebensformtypen. Verschiedene dieser Formen wurden zu erfolgreichen Konkurrenten der Korallen und bauten die Riffe der Kreidezeit auf.

(Phylogenie) wie auch der Individualentwicklung (Ontogenie) gesetzten Zwänge und Limitationen bzw. Kanalisationen formuliert werden.

Fossilfunde sind in diesen methodischen Ansatz zu großen Teilen integrierbar. Dies gelingt in dem Maße, wie fossil erhaltungsfähige Hartteile in ihrer funktionellen und konstruktionellen Einbindung in die Weichkörperorganisation aufgrund von Rezentvergleichen, aber auch durch Vergleich mit Maschinen und physikalischen Modellen interpretiert werden können. Dies ist bei Stützskeletten, Bewegungsapparaten und Einrichtungen der mechanischen Nahrungsaufbereitung weitgehend der Fall. Eine zufriedenstellende Interpretation paläontologischer Funde im Sinne einer kausalen Morphologie kann nur in interdisziplinärer Zusammenarbeit mit Neontologen gelingen.

Viele Fossilfunde geben uns Kenntnis von frühen organischen Konstruktionen, die bei heutigen Lebewesen unbekannt sind. Sie beruhen teils darauf, daß Spezialisierungen auf der Basis wesentlich verschiedener Bauplanvoraussetzungen zu fremdartigen Evolutionslösungen führten. Zum Teil sind sie jedoch auch darin begründet, daß abweichende Kombinationen im Zusammenwirken der verschiedenen Funktionsbereiche – meist in Zusammenhang mit besonderen Außenweltbedingungen – zu heute nicht bekannten Organisationstypen geführt haben. Immer wieder geben Fossilbeispiele auch Hinweise darauf, daß das Leistungsvermögen von Konstruktionen weit über das aus der Gegenwart Bekannte hinausgehen kann. Hier seien z. B. die in jüngerer Zeit aufgefundenen überdimensionierten Flugapparate ausgestorbener Flugechsen (Pterosaurier) erwähnt.

Neben der Bereitstellung einer großen Zahl von Zeugnissen qualitativ unterschiedlicher Evolutionslösungen kommt der Fossilüberlieferung von Evolutionsreihen, sogenannten „dichten Reihen", besonderes Gewicht zu: Bei genügend zahlreicher Dokumentation von aufeinanderfolgenden Einzelstadien wird es möglich, die stufenweise Entwicklung oder Umorganisation von Biokonstruktionen zu verfolgen. Solche Beispiele zeigen, daß die in der Evolution jeweils erreichten Organisationsformen ihrerseits einen kanalisierenden und limitierenden Einfluß auf die weiteren Evolutionsmöglichkeiten ausüben. Immer wieder ist zu beobachten, daß funktionelle Lösungen in der Frühphase der Evolution von Fossilgruppen in späteren Phasen der Entwicklung durch nachweislich effizientere Funktionssysteme ersetzt wurden.

Mit der Einbeziehung der Fossildokumente und damit der Zeitdimension werden die Konstruktions- und Funktionsmorphologie zu einem zentralen Arbeitsgebiet der Evolutionsforschung. Leider bleiben die Forschungsbemühungen im deutschsprachigen Raum in ihrer Intensität noch weit hinter dem zu fordernden Umfang zurück. Zwar existieren einzelne hervorragende Ansätze, doch hat diese Disziplin in den deutschsprachigen Biowissenschaften einschließlich der Paläontologie insgesamt noch wenig Fuß gefaßt.

2.1.4 Biomineralisation

Die Biomineralisationsforschung ist ein interdisziplinäres Arbeitsgebiet, an dem sich neben der Biologie, Biochemie und Mineralogie auch die Paläontologie beteiligt. Ziel dieses Wissenschaftszweiges ist es, die Genese, Struktur und Zusammensetzung von biologischen Mineralisaten, d. h. vor allem von Schalen- und Skelettmaterial, zu untersuchen. Auf dem paläontologischen Sektor gilt es besonders, die phylogenetische Entstehungsgeschichte von biogenen Hartteilen zu klären. Da die biomechanischen Eigenschaften von Biomineralisaten die Möglichkeiten der Konstruktion und Funktion organischer Skelette wesentlich beeinflussen, bestehen enge Querverbindungen zwischen der Biomineralisationsforschung und der Konstruktionsmorphologie.

Untersuchungen zur Biomineralisation haben in der deutschen Forschung schon eine lange, bis ins vergangene Jahrhundert zurückgreifende Geschichte. Wesentliche Impulse erhielt dieser Wissenschaftszweig durch die Erfindung des Transmissionselektronenmikroskops (TEM) und später durch den Einsatz des Rasterelektronenmikroskops (REM), mit deren Hilfe die Ultrastruktur der meisten Hartteile rasch und ohne großen Aufwand erkannt und gedeutet werden kann.

Die Ultrastruktur der Hartteile gilt als brauchbares Mittel zur Erfassung stammesgeschichtlicher Zusammenhänge (z. B. bei Schwämmen, Mollusken, aber auch im Zahnschmelz von Säugetieren, Abb. 5). So sind z. B. Varianten der Perlmutterstruktur und der Kreuzlamellenschicht in den Schalen von Muscheln, Schnecken und Kopffüßlern (Cephalopoden) gute Indikatoren für monophyletische Gruppierungen.

Besonderes Gewicht wird dabei der Biomineralisation von Embryonal- und Larvalschalen beigemessen. Soweit rezente und fossile Cephalopoden und Gastropoden bisher unter diesem Gesichtspunkt untersucht wurden, gelang es offenbar, monophyletische Einheiten in ihrer Stammesgeschichte bis heute zu verfolgen und so einen Bogen von der Paläontologie zur Rezentbiologie zu spannen.

Besondere Probleme ergeben sich dadurch, daß fossile Skelette und Skelett-

Abb. 5: Konstruktionsmorphologie, Biomineralisation.
Feinstruktur des Zahnschmelzes eines fossilen Nagetiers aus dem Jungtertiär mit in drei Raumrichtungen verschränkten Büscheln aus Apatit. Die Evolution des Zahnschmelzes der Säugetiere führte zur Bildung eines mechanisch hoch belastungsfähigen Verbundwerkstoffs (300fach vergrößert).

elemente häufig umkristallisiert sind. Soweit durch Vergleich mit fossilen und rezenten Verwandten gleichwohl die Ausgangsstruktur bekannt ist, liefern gerade solche umkristallisierten Hartteile wertvolle Daten zur diagenetischen Umwandlungsgeschichte der einbettenden Gesteine (→ Fossildiagenese).

Biomineralisate sind auch Gefüge, deren biomechanische Eigenschaften Auswirkungen auf die Konstruktion eines Skelettes haben. Voraussetzungen für Biomineralisation im Weichkörper von Organismen und die Effekte der Biomineralisation im Hinblick auf Konstruktionsverbesserungen sind noch relativ wenig untersucht, obgleich die Klärung dieser Zusammenhänge für das Verständnis der Evolution sehr wichtig ist. Auch die Form mineralisierter Skelette als Folge von speziellen Weichkörperorganisationen, spezieller Verhaltensweisen und von Umweltbeziehungen verdient Aufmerksamkeit. Ein weiteres lohnendes und noch wenig bekanntes Gebiet ist die kausale Beziehung zwischen dem Chemismus der biomineralisierenden Gewebe, den Biomineralisaten (z. B. Karbonate, Phosphate, Kieselsäure) und den biochemischen Prozessen des Organismus im allgemeinen oder in ihrer Bedingtheit durch den Chemismus des Außenmilieus (z. B. einer möglichen Änderung der Ozeanchemie an der Wende vom Präkambrium zum Kambrium).

Ein Überblick über die bestehenden Kenntnisse zeigt, daß auf dem interdisziplinären Wissensgebiet der Biomineralisationsforschung noch viele Fragen genereller Natur offen sind.

2.2 Paläontologische Systematik

Die Systematik bildet nach wie vor die wichtigste Grundlage für alle weiterführenden Untersuchungen in der Paläontologie. Als Kriterium der Verwandtschaft zwischen Arten und Artengruppen gilt nicht ihre Ähnlichkeit, sondern allein ihre rekonstruierbare Beziehung innerhalb des stammesgeschichtlichen Verzweigungssystems. Die erhaltungsfähigen Reste von Fossilformen weisen nicht so viele zur Verwandtschaftsermittlung verwertbare Merkmale auf wie die heute lebenden Arten. Dennoch können sie nach derselben Methodik in das System eingebracht werden.

In Übereinstimmung mit dem neontologischen Konzept bemüht sich die moderne paläontologische Systematik um die Abbildung der Stammesgeschichte in der Taxonomie. Daneben kann aber im Dienste der Gewinnung weiterführender paläontologischer Ergebnisse, so in der Biostratigraphie, Paläoökologie, Palöoklimatologie etc., auf pragmatische Konzepte der Gliederung nicht verzichtet werden. Durch die gegebene Beschränkung auf die erhaltungsfähigen Teile von Organismen kann sich die paläontologische Systematik – im Gegensatz zur Neontologie – nur auf Arten stützen, die auf unvollständigen Merkmalsbildern basieren. Andererseits kann sie vielfach die in unserem Gegenwartsbild bestehenden Lücken durch die Dokumentation fossiler Organismengruppen verringern.

Taxonomische Einzelarbeiten in der Paläontologie, auch Monographien, sind in ihrem Informationsgehalt erst voll ausschöpfbar, wenn sie im Verein mit systematischen Studien aus benachbarten Regionen und Zeitabschnitten die Voraussetzung für übergreifende Fragestellungen, etwa der Biostratigraphie, Paläobiogeographie, Paläoökologie etc., schaffen. Systematische Ergebnisse bilden vielfach ein ruhendes Wissen, das unter Umständen lange Zeit bis zu seiner Aktivierung auf Abruf bereitsteht, ohne dadurch auch nur im geringsten an Bedeutung zu verlieren. Dies ist ein Grund, warum die Relevanz taxonomischer Ergebnisse nicht immer sofort und unmittelbar offenkundig wird. Daher besteht die Tendenz, den entscheidenden Anteil systematisch-taxonomischer Basisarbeit am Zustandekommen allgemeinerer Ergebnisse, etwa der Biostratigraphie, Paläobiogeographie oder Paläoökologie, zu unterschätzen. Viele uns interessierende paläontologische Fragen können immer nur insoweit verfolgt werden, wie die Verfügbarkeit taxonomischer Bearbeitungen es gestattet. Dies muß in der paläontologischen Forschungsförderung stets in besonderem Maße berücksichtigt werden.

2.3 Biostratigraphie und Biochronologie

Die Biostratigraphie bildet die Grundlage der zeitlichen Gliederung des Phanerozoikums, der Datierung und der überregionalen Korrelation seiner Zeitabschnitte. Sie sind Voraussetzung für die Erforschung erdgeschichtlicher Zustände und Prozesse, z. B. der Entwicklung der Erdkruste, der Genese sedimentärer Lagerstätten und der Evolution des Lebens.

Die Biostratigraphie beruht auf der fortschreitenden Entwicklung der Lebewesen, also auf einem historischen Prozeß, dessen einzelne Schritte nicht wiederholbar und damit einmalig und zeitcharakteristisch sind. Dieser Ansatz erlaubt es, aus der Aufeinanderfolge des biologischen Inhalts von Schichten (Biostratigraphie) eine schichtunabhängige Folge von Evolutionsschritten (Biochronologie) zu abstrahieren. Möglichst detaillierte biochronologische Skalen zu erstellen, ist somit das Ziel biostratigraphischer Grundlagenforschung (Abb. 6).

Der Auflösungsgrad biochronologischer Skalen und ihre Präzision werden durch die Evolutionsgeschwindigkeit der morphologischen Merkmale der als Leitfossilien verwendbaren Organismengruppen limitiert. Vom Sonderfall des Quartärs abgesehen, wird bei vielen biochronologischen Skalen derzeit eine

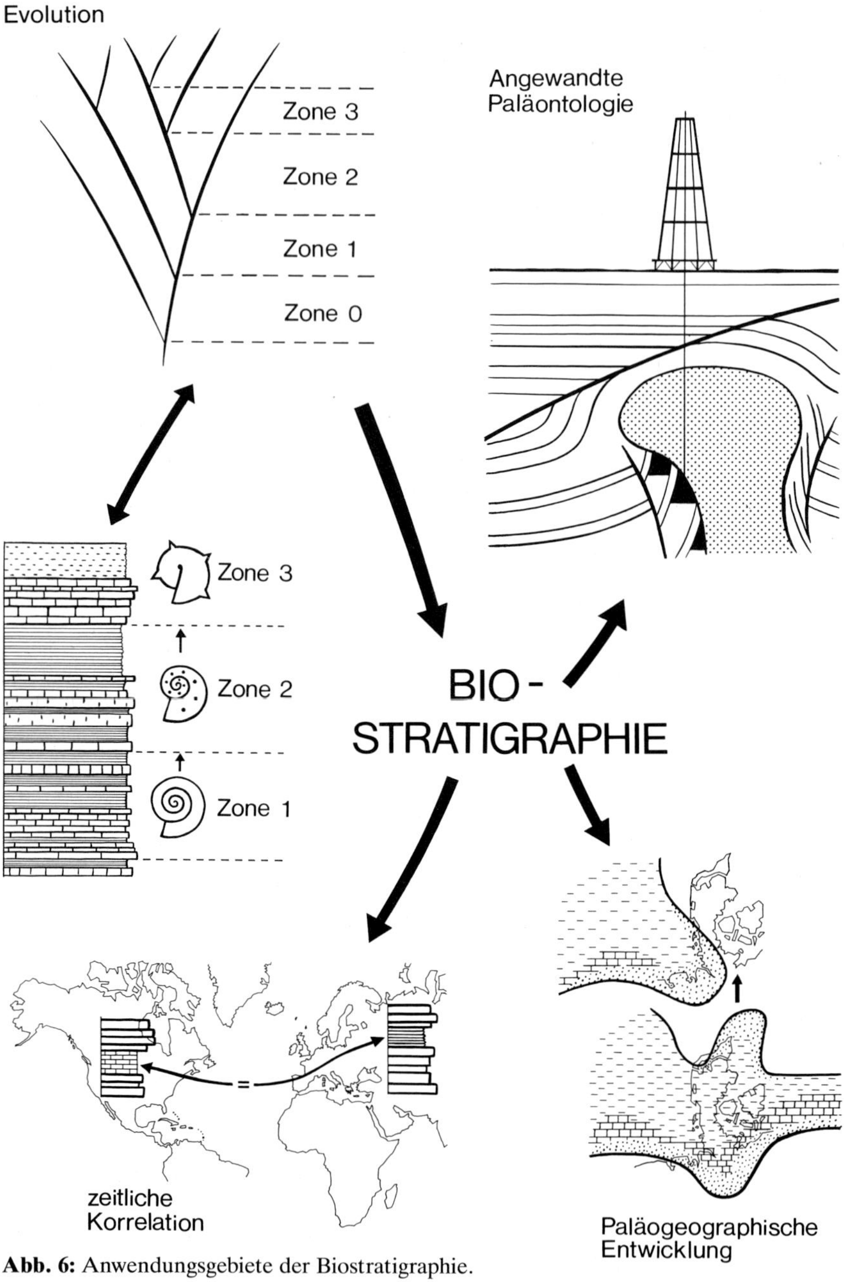

Abb. 6: Anwendungsgebiete der Biostratigraphie.

Auflösung von 500 000 bis 200 000 Jahren erreicht. Bei einigen Fossilgruppen, z. B. bei Säugetieren, liegt sie noch darunter. Die Auflösungsgenauigkeit übertrifft damit im Präquartär bei weitem diejenige der radiometrischen Skalen, wobei letztere im Gegensatz zu den biochronologischen Skalen mit zunehmendem Erdalter immer ungenauer werden.

Eine noch höhere Auflösung als die genannte kann durch die Kombination verschiedenartiger biochronologischer Skalen erreicht werden, wenn sich deren kleinste Zeiteinheiten (Zonen bzw. Subzonen) überschneiden. Man kommt damit zu den kleinsten auf der biologischen Evolution beruhenden Zeiteinheiten, den Biochronen.

Die kleinsten Biochrone können regional und teilweise auch global weiter unterteilt werden, indem Parameter der sogenannten Event-Stratigraphie herangezogen werden. Hierher gehören z. B. episodische oder zyklische Schwankungen des Klimas oder/und des Meeresspiegels, die sich in einer Änderung zumindest der quantitativen Zusammensetzung der Lebensgemeinschaften erfassen lassen. Mehr oder weniger katastrophale globale Ereignisse (global events) dagegen bedingen meist keine zusätzlichen Unterteilungen kleinster Biochrone, sondern geben ihrerseits Anlaß für die Entstehung markanter Grenzen, die weltweit für die Korrelation von größter Bedeutung sind. Datierung und Korrelation aufgrund biostratigraphischer und biochronologischer Erkenntnisse sind Grundvoraussetzungen für einen Großteil anderer geowissenschaftlicher Forschungen, von denen die folgenden Aspekte nur einen Ausschnitt darstellen:

- Erforschung der stammesgeschichtlichen Entwicklung der Lebewesen.
- Analyse der Zusammenhänge und Interaktionen zwischen Biosphäre und Lithosphäre mit Anwendung der gewonnenen Erkenntnisse auf die Gestaltung unserer eigenen Zukunft.
- Korrelation verschiedener Fazies und Faunen zur Rekonstruktion der Paläogeographie und Paläobiogeographie.
- Datierung von Schichten und Schichtfolgen in deformierten Krustenteilen als Voraussetzung für die Analyse tektonischer, orogener oder plattentektonischer Vorgänge.
- Erkundung von schichtgebundenen Lagerstätten wie Erzen, Mineralien, Steinen und Erden, Kohle, Erdöl und Gas.

Biostratigraphische Forschung erweist sich damit als eine zentrale Aufgabe innerhalb der Geowissenschaften. Dies wird eindrucksvoll bestätigt durch neuere Datierungen von metamorphen Gesteinen des Varistikums mit Hilfe von organisch erhaltenen pflanzlichen Mikrofossilien. Sie haben für bisher undatierbare Gesteine genaue und unerwartete zeitliche Einstufungen ergeben. Als Beispiel hierfür sei das laufende Kontinentale Tiefbohrprogramm der Bundesrepublik Deutschland (Schwerpunktprogramm der DFG) genannt, in dem es gelungen ist, bisher für proterozoisch gehaltene Gneise anhand von charakteristisch erhaltenen Mikrofossilien (Acritarchen) ins Unterdevon (Pragium/Emsium) zu stellen. Die verbesserten Datierungsmethoden werden auch in anderen Gebieten der Erde zu wesentlich neuen Erkenntnissen über die Geschichte metamorpher Serien führen.

Die Paläontologie in Deutschland ist an der biostratigraphischen Forschung seit dem vorigen Jahrhundert maßgeblich und international führend beteiligt. Die Bio-Event-Forschung auf internationaler Ebene ist von deutscher Seite mit initiiert worden.

2.4 Faziesanalysen

Die Fazies eines Sediments beschreibt die Summe aller biologischen (paläontologischen) und geologischen Merkmale, die seine Bildungsbedingungen widerspiegeln. Diese Merkmale dienen der Rekonstruktion eines Sedimentationsgebiets in Raum und Zeit und ermöglichen Aussagen sowohl über ehemalige marine (→ Paläoozeanographie) oder terrestrische Ablagerungsbedingungen als auch über das frühere Klima (→ Paläoklimatologie) (Abb. 7). Solche Sedimentationsräume können die Bildungsstätten von Rohstofflagerstätten sein.

Biofazielle Aussagen basieren auf der Tatsache, daß zwischen Organismen und ihrer Umwelt enge Wechselbeziehungen bestehen. Pflanzen wie Tiere sind empfindliche Anzeiger der jeweils herrschenden Umweltbedingungen. Für die Rekonstruktion dieser Umweltparameter stehen Körperfossilien (meist nur deren Hartteile) und Spurenfossilien zur Verfügung. Mit Methoden, die die Vorgänge der Ablagerung beschreiben (→ Biostratinomie), wird zwischen den ursprünglich am Ablagerungsort vorhandenen (autochthonen) und den umgelagerten und eingeschwemmten (allochthonen) Fossilgemeinschaften differenziert. Umgekehrt ist für die Beurteilung der vorhandenen Reste einer autochthonen Organismengemeinschaft von Bedeutung, welche ihrer Mitglieder entfernt wurden, sei es durch Transportvorgänge, oder sei es durch Abbau und Zerstörung während und nach der Einbettung im Sediment (→ Fossildiagenese). Die Synthese aller Daten ermöglicht die Rekonstruktion fossiler

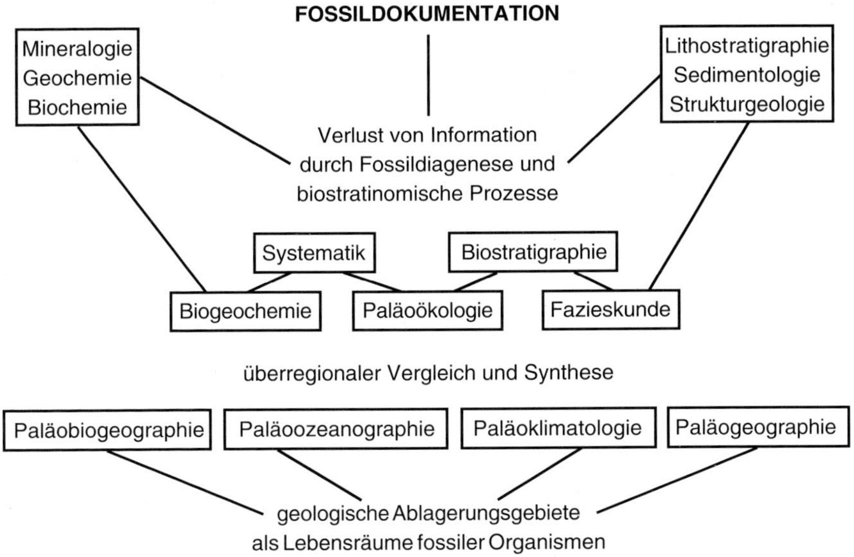

Abb. 7: Zusammenwirken paläontologischer Arbeitsrichtungen mit den geowissenschaftlichen Nachbardisziplinen bei der Rekonstruktion fossiler Ablagerungsgebiete als Beitrag zur erdgeschichtlichen Forschung und Voraussetzung für die Erkundung sedimentärer Rohstoffe.

Lebensräume der unterschiedlichsten terrestrischen und aquatischen Milieus, einschließlich ihrer oft drastischen Veränderungen. Dabei werden wichtige Daten für die regionale und historische Geologie sowie für die Entstehung sedimentärer Lagerstätten gewonnen. Dieser rückgerichtete Blick ermöglicht es in zunehmendem Maße, die gewonnenen Daten in die Zukunft zu projizieren und aus dem überlieferten Faziesmuster Voraussagen für die Entwicklung unserer Umwelt abzuleiten.

2.4.1 Biostratinomie

Die Biostratinomie beschäftigt sich mit den Vorgängen, die vom Zeitpunkt des Todes von Organismen bis zu deren endgültiger Einbettung im Sediment auf sie einwirken. Biostratinomische Vorgänge und Fossildiagenese überprägen und verändern entscheidend die Erhaltung und die Zusammensetzung von fossilen Organismen und Organismengemeinschaften. Wichtiges methodisches Instrument biostratinomischer Arbeit ist die Aktuopaläontologie.

Aufgrund der Erhaltungszustände und Anordnung von Fossilien in Sedimentgesteinen lassen sich chemisch-physikalische (z. B. Strömungen, Schalenanlösung) und biologische Einflüsse (z. B. grabende und bohrende Organismen) erkennen und in ihrer Bedeutung für die Sedimentationsgeschichte abschätzen. Die Biostratinomie liefert daher wichtige Kriterien für die Rekonstruktion von Ablagerungsgebieten in Raum und Zeit, wobei Aussagen über Strömungsrichtungen, den Grad der Wasserbewegung, Sedimentationsgeschwindigkeiten, Sedimentationsunterbrechungen und Aufarbeitungsvorgänge im Vordergrund des Interesses stehen.

Besondere biostratinomische Faktorenkonstellationen führen zur Entstehung von Fossillagerstätten als geologische Körper, die ein besonders hohes Maß an paläontologischer Information enthalten. Entsprechend den jeweiligen paläoökologischen und sedimentologischen Ausgangsbedingungen kann diese Information verschieden überliefert werden. So zeichnen sich „Konservat"-Lagerstätten durch gute und weitgehend vollständige Hartteil- (partiell auch Weichteil-) erhaltung artikulierter Organismen wie Wirbeltiere und Arthropoden aus, die für stagnierende Verhältnisse (stehende Gewässer, Sauerstoffabschluß) kennzeichnend sind. Hierzu zählen die international sehr berühmten Lokalitäten von Holzmaden, Solnhofen oder Messel, um nur einige herauszugreifen. Auf der anderen Seite des Spektrums stehen die „Konzentrat"-Lagerstätten, in denen organisch gebildete Hartteile oft massenhaft bis gesteinsbildend angereichert sind, aber häufig nur fragmentär überliefert werden.

Wesentliches Instrument biostratinomischer Forschung sind Untersuchungen heutiger Einbettungsvorgänge (Aktuopaläontologie), um hieraus Möglichkeiten für die Interpretation fossiler Einbettungsformen zu gewinnen. Sedimentologische Betrachtungsweisen spielen hierbei eine wichtige Rolle. Diese Arbeitsrichtungen gilt es auszubauen, um das Aussagepotential der biostratinomischen Prozesse qualitativ zu verbessern und Quantifizierung möglich zu machen.

2.4.2 Fossildiagenese

Das Schicksal biogener Skelettkörper nach ihrer Einbettung in ein sich chemisch und physikalisch veränderndes Hüllsediment ist Thema der Fossildiagenesefor- schung. Sie ist eine Voraussetzung für das Verständnis von Biofazies, eine wesent- liche Basis für paläoökologische Schlußfolgerungen und kann auch für die mor- phologische und systematische Bearbeitung von Organismengruppen Bedeutung erlangen.

Durch diagenetische Prozesse können organische Hartteile von Organismen selektiv oder völlig eliminiert oder es kann ihre Form verändert werden. Auch Isotopen-Verhältnisse, wie z. B. das für die Paläoklimaforschung wichtige $^{16}0/^{18}0$-Verhältnis, unterliegen dem Einfluß diagenetischer Prozesse. Die besonders informationsreiche Weichteilerhaltung von Fossilien kommt unter Sauerstoffabschluß, durch frühe (z. B. synsedimentäre) Mineralisierung oder – Überraschung der letzten Jahre – durch flächenhafte Abbildung aufgrund von lithifizierenden Bakterien zustande.

Eine wesentliche Bedeutung der Fossildiageneseforschung für Sedimentologie und Tektonik liegt darin, daß die primären Merkmale von Organismenhartteilen wie Größe, Form, Ultrastruktur sowie mechanische, chemische und mineralogische Eigenschaften zumeist bekannt sind und sich hieraus Diageneseabläufe rekonstruieren lassen. Das trifft für die meisten anderen Sedimentkomponenten nicht oder nur zum Teil zu. Biogene können daher als Testkörper der Diageneseforschung verwendet werden, z. B. als „Druckdosen“ bei der Rekonstruktion tektonischer Deformation oder als Indikatoren für die Veränderungen des chemischen Milieus. Auch der relative zeitliche Ablauf diagenetischer Prozesse ist durch die Erhaltungszustände von Fossilien rekonstruierbar. Dabei können sich wertvolle Hinweise auf die Versenkungstiefe oder auf ein Auftauchen über den Meeres- bzw. Seespiegel ergeben, da diese durch jeweils charakteristische Diagenesemilieus ausgezeichnet sind. Selbst in Sedimenten mit schwacher Metamorphose erlaubt z. B. der Kristallinitätszustand von Conodonten eine Rekonstruktion der Druck- und Temperaturbedingungen.

Bei der Suche nach Kohlenwasserstoffen spielt in jüngster Zeit der Diagenesezustand von Pollen eine Rolle (→ Angewandte Paläontologie), da er Aussagen über den „Reifegrad“ der Sedimente erlaubt.

Wichtige Themen der Forschung betreffen vor allem solche Faktoren, welche die Fossildiagenese steuern. Von besonderem Interesse ist z. B. der Einfluß, den gruppenspezifische Unterschiede der Mikroarchitektur und Mikrostruktur der Organismenhartteile auf die Frühdiagenese ausüben. Ein wichtiger Forschungsaspekt liegt auch in der Untersuchung der Beteiligung verschiedener Bakteriengruppen, die durch den unterschiedlichen Abbau organischer Substanzen in Abhängigkeit vom sedimentären Milieu ebenso den Weg der Fossildiagenese vorzeichnen können.

2.4.3 Paläoökologie

Die Paläoökologie untersucht die Lebensweise und Umweltbeziehungen fossiler Organismen. Sie analysiert einerseits Organismen als funktionierende Systeme in ihren Wechselwirkungen mit den jeweiligen Milieufaktoren (Paläoautökologie). Sie widmet sich andererseits fossilen Lebensgemeinschaften und ihrer Geschichte (Paläosynökologie). Für das Verständnis der biologischen Evolution ist sie ebenso wichtig wie für die Rekonstruktion ehemaliger Lebensräume und das Paläoklima. Das Forschungsgebiet läßt sich in zwei Teilbereiche untergliedern:

Die Paläoautökologie beschäftigt sich mit der Konstruktion und Lebensweise sowie den Milieuansprüchen fossiler Arten oder Organismengruppen. Die methodischen Ansätze, dieses Ziel zu erreichen, sind daher vor allem Konstruktions- und Funktionsmorphologie (→) sowie der Vergleich mit taxonomischen Verwandten oder entsprechenden Lebensformtypen der Gegenwart. In seltenen Fällen können auch direkte Rückschlüsse aufgrund spezieller Erhaltungsbedingungen gezogen werden (z. B. Erhaltung in Lebendstellung, Erhaltung von Mageninhalten).

Die Paläosynökologie untersucht die Beziehungen der fossilen Organismen untereinander und zu ihrer Umwelt. Sie stützt sich dabei vor allem auf Erkenntnisse der im Rezenten verankerten Ökologie und versucht, die dort erarbeiteten Prinzipien im Fossilbereich anzuwenden. Besonders gut können im marinen Milieu die Beziehungen fossiler Faunen zum Substrat und zum Grad der Wasserbewegung rekonstruiert werden, da sich diese Parameter aus dem Sediment ableiten lassen. Ebenfalls möglich ist die Zuordnung von Faunen zu bestimmten Salinitätsbereichen oder Sauerstoffzonen (Abb. 8). Fossilgemeinschaften benthonischer Organismen spiegeln nicht nur die Milieubedingungen eines früheren Lebens- und Ablagerungsraums wider, sondern geben auch Hinweise auf Veränderungen der chemischen, texturellen und strukturellen Merkmale des von ihnen besiedelten Substrats. Diese Veränderungen prägen ihrerseits wieder biologische (Ausbildung von Besiedlungsstockwerken, Aufeinanderfolge von Besiedlungsgemeinschaften), physikalische und chemische (Diagenese) Folgeprozesse.

Zonierung von fossilen Wirbellosen nach dem Salzgehalt im Oberjura des Lusitanischen Meeres (Portugal)

Lebensgemeinschaften auf weichen Meeresböden

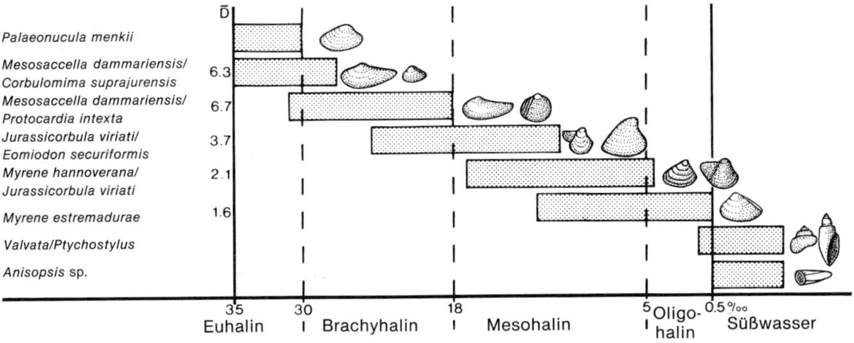

Lebensgemeinschaften auf Festgründen

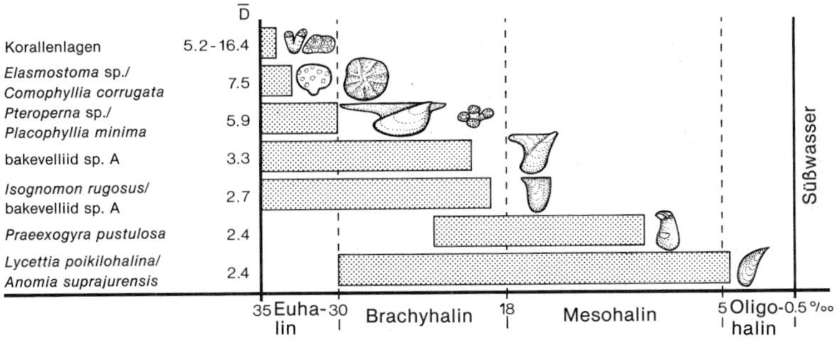

Abb. 8: Faziesforschung, marine Paläoökologie.
Die Lebensansprüche fossiler wirbelloser Tiere liefern wichtige Kriterien für die Rekonstruktion der Ablagerungsbedingungen und Milieufaktoren in den Meeren der Erdgeschichte.

Die in festländischen Ablagerungen überlieferten Pflanzen und Tiergemeinschaften und ihre besonderen Anpassungen erlauben die Rekonstruktion kontinentaler Lebensräume. Unterstützt durch sedimentologische Daten lassen sich zum Teil genaue Vorstellungen über Landschaftstypen gewinnen sowie ehemalige Lebensbilder detailliert nachzeichnen. Aus ihrer zeitlichen Abfolge ergeben sich wichtige Anhaltspunkte zur Entwicklung kontinentaler Klimabedingungen.

Die Vielzahl auch widersprüchlicher Modelle und Betrachtungsweisen in der Rezentökologie beeinträchtigt derzeit noch häufig die paläoökologische Interpretation fossiler Faunen und Floren. Darüber hinaus mangelt es gegenwärtig noch häufig an geeigneten, auf den Fossilbereich übertragbaren Rezentmodellen (z. B. über die Milieuabhängigkeit von Organismen). Daher sollte eine engere Zusammenarbeit mit Meeresbiologen bzw. Festlandsökologen angestrebt werden.

Methodische Probleme ergeben sich aus der meist bruchstückhaften Überlieferung von Biozönosen, die infolge biostratinomischer und diagenetischer Prozesse verändert wurden. Von großer Bedeutung ist ferner die Projizierung mehrerer Faunen unterschiedlichen Alters in ein- und dieselbe Ebene (Kondensation), was – wenn es sich um Zeiträume von 10^2–10^4 Jahre handelt – für die Evolution ohne Bedeutung ist, die Interpretation von Organismengemeinschaften jedoch stark behindern kann.

Zukünftige Perspektiven der Paläosynökologie weisen in zwei Richtungen. Einerseits läßt sich unsere Kenntnis der Entwicklung von Ökosystemen in der Erdgeschichte dazu nutzen, das Verständnis für die in rezenten Ökosystemen ablaufenden Prozesse (und umgekehrt) zu fördern und ggf. für die Zukunft prognostische Argumente abzuleiten. Dabei sind die Reaktion von Ökosystemen auf einschneidende Prozesse und das Phänomen von Massensterben von besonderem Interesse (Bioevent-Forschung, Biostratigraphie). Andere Forschungsperspektiven richten sich auf die optimale Nutzung der Fossildaten für die Rekonstruktion von Ablagerungsräumen.

Wichtige Denkanstöße zur paläoökologischen Forschung in Deutschland sind von dem Sonderforschungsbereich „Palökologie“ (1970 bis 1984) in Tübingen ausgegangen. Aber auch andere Arbeitsgruppen haben in jüngster Zeit international beachtete Beiträge geleistet.

2.4.4 Mikrofazies

Die Mikrofazieskunde erfaßt und klassifiziert die Gesamtheit der im Gesteinsdünn- und -anschliff typisierbaren paläontologischen und petrographischen Merkmale in Sedimentgesteinen. Die Synthese aus den vorgefundenen spezifischen Organismenvergesellschaftungen, den Sedimentstrukturen und -texturen, sowie den Zementationsvorgängen charakterisiert die physiko-chemischen Rahmenbedingungen des Ablagerungsraumes und damit die Entstehung des Gesteins (Abb. 9, 10).

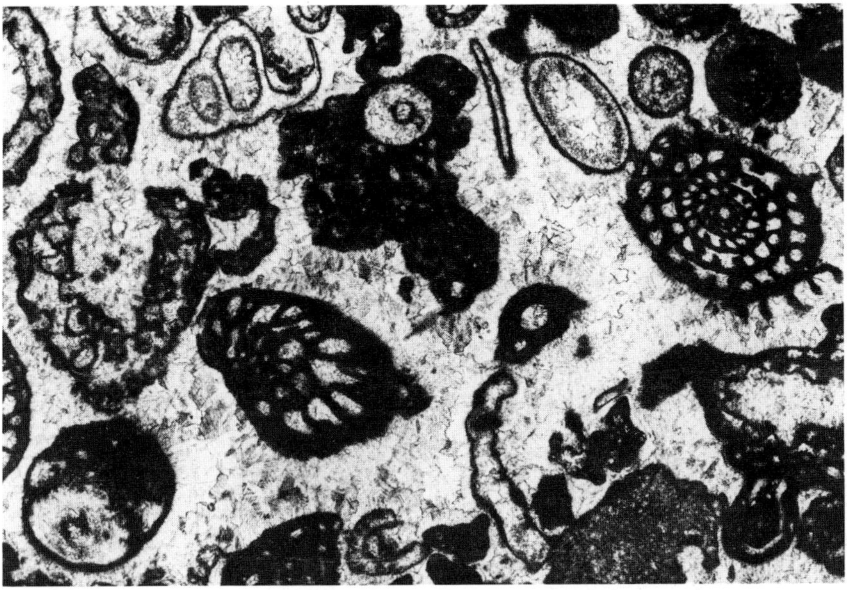

Abb. 9: Mikrofazies, Mikropaläontologie, Angewandte Paläontologie.
Mikrofazies, die Summe der organischen und anorganischen Merkmale von Sedimentgesteinen, wird in Dünnschliffen erfaßt. Viele der als Erdölspeicher bedeutenden Karbonatgesteine entstanden durch Anhäufung von Organismenhartteilen in flachmarinen, tropischen Meeren. Der Dünnschliff eines Kalkes aus dem späten Paläozoikum (Perm der Südalpen) zeigt Foraminiferen (Mitte und rechts oben) und Kalkalgen (Mitte links) zusammen mit Schnecken (am oberen Bildrand) und zu Aggregaten verkittete Sedimentkörner. Der zwischen den Organismen liegende Porenraum wurde in mehreren Phasen (im Meer und später im Sediment) durch Karbonatzement geschlossen (6fach vergrößert).

Abb. 10: Faziesforschung, Spurenfossilien.
Spurenfossilien helfen, Umweltbedingungen der Vorzeit zu rekonstruieren: Künstliche Steinkerne der Bohrgänge von auto- und heterotrophen Organismen in vorwiegend karbonatischen Substraten geben Auskunft über Wassertiefen, Sedimentationsgeschwindigkeit und andere Faktoren in fossilen Meeresbecken. Das Beispiel zeigt Bohrgänge aus dem oberkarbonischen Meeresbecken von Oklahoma/USA (Buckhorn Asphalt), deren noch unbekannte Erzeuger die Lamellenstruktur der Perlmuttschicht eines Mollusken nachzeichnen (2700fach vergrößert).

Die analytischen Methoden zur Charakterisierung der Fazies eines Gesteins auf mikroskopischer Basis wurden in der Vergangenheit wesentlich durch die Rohstoffexploration der Erdölindustrie entwickelt. So werden mikrofazielle Untersuchungen besonders bei der Oberflächenvorerkundung potentieller Speichergesteine von fossilen Kohlenwasserstoffen eingesetzt. Die Mikrofaziesanalyse kann in drei Hauptaspekte gegliedert werden:

- Der paläontologische Aspekt befaßt sich mit den biogenen Komponenten im Hinblick auf (→) biostratigraphische, (→) paläoökologische und (→) paläobiogeographische Aussagen.
- Der sedimentologische Aspekt konzentriert sich auf die abiogenen Komponenten, das sedimentäre Gefüge, die Zementationsprozesse und andere Veränderungen (Diagenese) des Gesteins.
- Der dritte Aspekt berücksichtigt die für die industrielle Nutzbarkeit der Karbonate relevanten Eigenschaften, die sich aus der Primärstruktur und der diagenetischen Veränderung des Gesteins ergeben (z. B. Porosität).

Durch die Einbeziehung elektronenmikroskopischer Untersuchungen mit ihren zusätzlichen Informationen zur stofflichen Zusammensetzung des Gesteins eröffnet sich für diese interdisziplinäre Arbeitsrichtung in Verbindung mit der Isotopengeochemie ein weites analytisches Arbeitsfeld.

2.5 Paläobiogeographie

Die Paläobiogeographie versucht, die einstige Verbreitung und die Ausbreitungsgeschichte der Organismen zu ermitteln und die Ursachen für bestimmte Verbreitungsmuster zu ergründen. Sofern die betrachteten Gruppen noch in der Gegenwart vorkommen, ist Zusammenarbeit mit Botanikern und Zoologen bzw. die Bearbeitung lebender Organismengruppen durch den Paläobiogeographen unerläßlich. Verbreitungskarten für Unterarten, Arten oder höhere Taxa lassen Rückschlüsse auf einstige paläogeographische Zusammenhänge zu.

Paläobiogeographische Fragestellungen und Arbeitsmethoden sind vielfältig verknüpft mit denjenigen paläogeographisch arbeitender Geologen. Auch Forschungsergebnisse der Paläoklimatologie und Paläoozeanographie werden durch paläobiogeographische Untersuchungen wesentlich mitgetragen.

Die Ausbreitungsgeschichte von Organismengruppen ist oft mit ihren stammesgeschichtlichen Differenzierungen korreliert. Nachdem die Stammesgeschichte in der Regel leichter rekonstruierbar ist als die Ausbreitungsgeschichte, muß dieser die Ermittlung der phylogenetischen Verwandtschaft möglichst vorausgehen.

Einen besonderen Aufschwung hat die Paläobiogeographie mit der fundierten Begründung der Theorie der Kontinentaldrift und Plattentektonik erlebt. Damit war es möglich, Abstand von vielen der oft kühnen Landbrücken-Hypothesen zu nehmen. Im gleichen Maße, wie sich heute viele Verbreitungsmuster von Tieren und Pflanzen als Ergebnis von Plattenbewegungen erklären lassen, ermöglichen umgekehrt Verbreitungsmuster von Faunen und Floren Rückschlüsse auf die Drift von Lithosphärenplatten sowie auf einstige Meeres- oder Landverbindungen.

Biogeographische Vergleiche zwischen meeresbewohnenden Organismengemeinschaften während der Kreidezeit und deren zeitlicher Veränderung helfen in Verbindung mit der Rekonstruktion von Absenkungsraten des Meeresbodens und anderen paläoozeanographischen Parametern (z. B. Tiefenströmungen), die dynamischen Prozesse bei der Entstehung und Öffnung des Atlantiks zu verstehen. Das umfangreiche Daten- und Probenmaterial aus den verschiedenen nationalen und internationalen Tiefseebohrprogrammen eröffnet hier ein perspektivenreiches Betätigungsfeld. Aus der deutschen Paläontologie sind von verschiedenen Arbeitsgruppen im internationalen Vergleich richtungsweisende Studien vorgelegt worden.

2.6 Paläoozeanographie

Wassermassen und Böden der Schelf-Meere und Ozeane werden von Tieren und Pflanzen bewohnt, die sich eng an die Hochsee-Lebensbedingungen angepaßt haben. Diese Organismen werden zur Beantwortung paläoozeanographischer Fragen in Raum und Zeit herangezogen. Obwohl diese überlieferungsfähigen Organismen mit ihrem Schalen- und Skelettmaterial oftmals nur sehr geringen Anteil an der gesamten Nahrungskette mit ihren planktonischen (schwebenden), nektonischen (aktiv schwimmenden) und benthischen (am Boden lebenden) Organismen ausmachen, so haben sie doch im Laufe der Erdgeschichte durch ihren steuernden Einfluß auf den Chemismus der Weltmeere (Hydrosphäre) und die Zusammensetzung der Atmosphäre einen bis heute nicht genau abzuschätzenden Einfluß auf die Lebensbedingungen der modernen Biosphäre und damit auch auf den Menschen gewonnen. Über 40 Prozent der heutigen Ozeanböden sind von biogenen Karbonatschlämmen bedeckt, die aus kalzitischen Skelettelementen von Coccolithen (Kalkalgen) und den Gehäusen planktonischer Foraminiferen (Einzeller) und Gastropoden (Schnecken) bestehen.

Schalen und Skelettmaterial von Mikroorganismen gibt es schon seit der Zeit der paläozoischen Ozeane (seit mehr als 550 Mio. Jahren). Zu gesteinsbildenden Ansammlungen von kalkigen Mikroorganismen ist es besonders im Mesozoikum (seit ca. 200 Mio. Jahren) und vermehrt im Känozoikum gekommen. Aufgrund ihrer weltweiten Verbreitung, ihrer relativen Kurzlebigkeit und ihrer raschen Reaktion auf Umweltveränderungen stellen die Schalen- und Skelettreste ein hervorragendes Material für paläontologische Untersuchungen zur Entwicklungsgeschichte mariner Mikroorganismen dar. Die zeitweise sehr schnelle Veränderung der artlichen Zusammensetzung innerhalb der einzelligen Tier- oder Pflanzengruppen der Meere (u. a. planktonische Foraminiferen, Radiolarien, Coccolithophoriden und Diatomeen) und die gute Korrelierbarkeit vieler Tiefseesedimentabfolgen mit der absoluten Altersskala haben die pelagische Biochronologie (relative Datierung der Sedimente mit Hilfe von Mikroorganismen, → Biostratigraphie) als eine Disziplin mit vielen angewandten Aspekten entstehen lassen.

Diese einzigartig präzise Datierung und Korrelation mit Hilfe planktonischer Mikroorganismen ermöglicht u. a. die qualitative und auch quantitative Rekonstruktion der paläogeographischen und bathymetrischen (Tiefen-)Entwicklung der verschiedenen Meeresbecken vor allem der letzten 200 Mio. Jahre. Die chemische Zusammensetzung dieser Schalen- und Skelettreste (→ Biogeochemie, stabile Isotope) ermöglicht die Rekonstruktion der ehemaligen hydrographischen Eigenschaften der Wassermassen (z. B. Temperatur, Salinität, Nährstoffgehalte und Turbulenzen), so daß auf ihrer Grundlage Aussagen paläoklimatischer und paläogeographischer Natur gemacht werden können. In Zusammenarbeit mit der Paläogeographie und Paläoklimatologie sowie anderen Nachbardisziplinen hat die marine Mikropaläontologie viele Aufgaben und weit in die Zukunft reichende wissenschaftliche Perspektiven.

Diese Aufgaben liegen zum einen in der reinen Grundlagenforschung. So stellt z. B. das Phytoplankton zwar unbestritten die Basis der Nahrungskette im marinen Bereich dar und beeinflußt den gesamten Stoffhaushalt von Hydrosphäre und Atmosphäre in stärkstem Maße. Doch bleibt seine Rolle als Primärproduzent in globalen Zusammenhängen noch weitgehend unbekannt. Zum anderen sind jedoch auch zahlreiche Beziehungen zu den angewandten Fachrichtungen gegeben: Viele Grundlagen der modernen Biochronologie (Datierung der Sedimente) sind in Zusammenarbeit mit der Erdölindustrie erarbeitet worden; Mikroorganismen lassen sich als Umweltanzeiger benutzen, und paläoozeanographische Methoden können heute erfolgreich zur Klimavorhersage eingesetzt werden.

In zahlreichen großen internationalen Programmen werden heute die Methoden der Paläoozeanographie eingesetzt. Besonders zu betonen ist hier das Ocean Drilling Program (ODP, ehemals Deep Sea Drilling Program DSDP), in dem aus nahezu allen deutschen Institutionen Wissenschaftler interdisziplinär

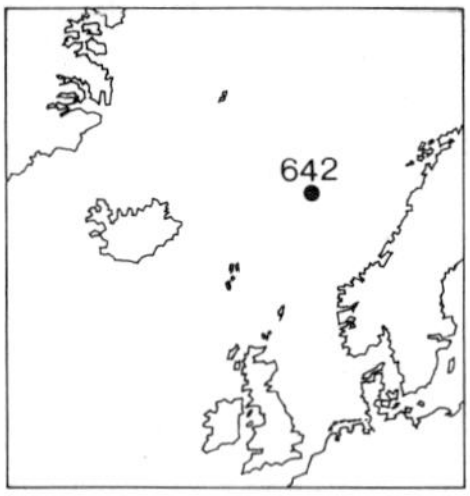

Lage der Bohrung 642 B/D (Leg 104) des Ocean Drilling Program in der Norwegischen See.

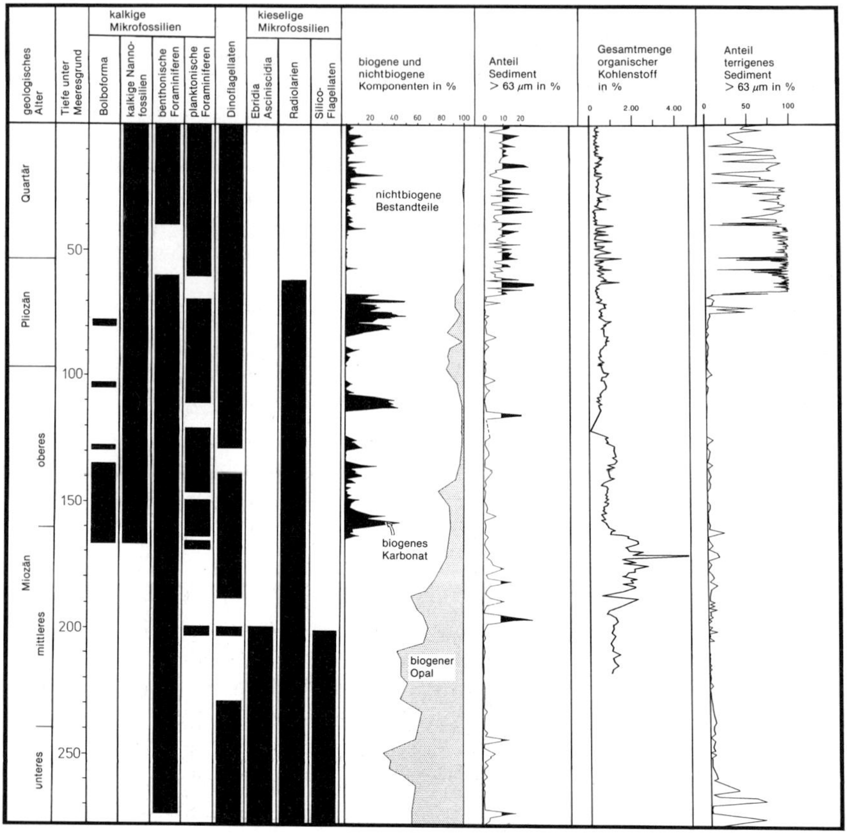

Abb. 11: Paläoozeanographie, Paläoklimatologie.
Küstenferne Bohrungen geben Aufschluß über die Entwicklung planktonischer Mikroorganismen in den Ozeanen sowie über die wechselnde Zulieferung feinen Sedimentmaterials von den Kontinenten. Die zeitliche Veränderung der auf die einzelnen Organismengruppen entfallenden Biomassen gibt zusammen mit sedimentologischen Daten wertvolle Hinweise auf Klimaverschiebungen. Die Klimaverschlechterung vom Mittleren Miozän bis zum Quartär ist deutlich dokumentiert.

mitgearbeitet haben und noch mitarbeiten (Abb. 11). Der marinen Mikropaläontologie und Palynologie ist ein reiches Probenarchiv erschlossen worden, das ständig durch neu hinzukommende Tiefseebohrungen aus fast allen Teilen des Weltmeeres erweitert wird. Weitere interdisziplinäre Programme wie JGOFS (Joint Global Ocean Flux Study) oder der in Kiel etablierte Sonderforschungsbereich 313 „Veränderungen der Umwelt: Der nördliche Nordatlantik" (früher: „Sedimentation im europäischen Nordmeer") geben der marinen Mikropaläontologie einen festen Platz im Gefüge der Erdwissenschaften. Die Paläontologen sehen sich hier vor langfristige und perspektivenreiche Aufgaben gestellt.

2.7 Paläoklimatologie

Der Beitrag der Paläontologie zur Paläoklimatologie beruht auf der Tatsache, daß die meisten Organismen der Vorzeit (wie auch heute) stark klimaabhängig waren und sich daher als empfindliche Klima-Anzeiger verwenden lassen. Nicht Mittel zum Zweck, sondern Objekt der Untersuchung sind sie selbst, wenn es um den selektiven Einfluß des Klimas auf die Evolution geht. Die Klimaforschung ist heute eine weitverzweigte interdisziplinäre Forschungsrichtung, in der die Paläontologie einen zentralen Platz einnimmt (s. hierzu auch Abb. 12).

Das Klima ist für die Existenz aller Organismen ein wesentlicher Faktor. Im ozeanischen Bereich spielen die Temperaturgegensätze und die durch sie bedingten Strömungen, jeweils auf die verschiedenen Klimazonen bezogen, die Hauptrolle für die Verbreitung der Organismen. Auf dem Land werden Populationen und Lebensgemeinschaften sowie ihre Biotope wesentlich durch Temperatur- und Feuchtigkeitsbedingungen kontrolliert. Das heutige Bild vom Wechselspiel klimatischer Faktoren ist als Folge komplexer Klimaentwicklungen in der erdgeschichtlichen Vergangenheit zu sehen. Die Paläoklimaforschung versucht diese Zusammenhänge transparent zu machen.

Organismen als Klima-Anzeiger geben Auskunft über die Paläotemperatur und Feuchte sowie die Wasser- und Luftzirkulation der Vergangenheit. Untersuchungen hierzu können klein- (Mikroklima), aber auch großräumig angelegt sein. Kontinentale Ablagerungen liefern bevorzugt pflanzliche Überreste (Makroreste, Pollen und Sporen); im ozeanischen Bereich werden vorwiegend Mikrofaunen (z. B. Foraminiferen, Radiolarien, Dinoflagellaten-Zysten) und -floren (z. B. Coccolithophoriden, Diatomeen) sowie untergeordnet Makrofau-

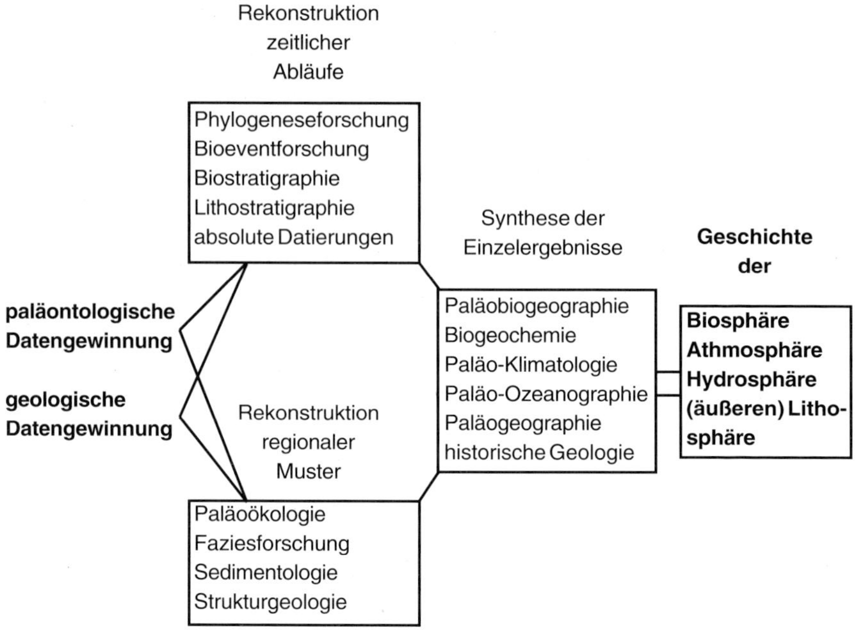

Abb. 12: Synthese paläontologischer und geologischer Daten bei der Erforschung der Entwicklung von Biosphäre und Geosphäre.

nen zur Darstellung der Klimaschwankungen herangezogen (→ Paläoozeanographie). Die chemische Zusammensetzung dieser Mikroorganismen (Methode der stabilen Isotope, → Biogeochemie) ermöglicht genaue Aussagen über die ozeanischen Wassertemperaturen, die ihrerseits das kontinentale Klima stark beeinflussen. Mit Hilfe der Datenverarbeitung lassen sich so synoptische Darstellungen erarbeiten, welche die Klimabedingungen in Zeit und Raum erfassen.

Dienen die Fossilien nicht nur als Kriterium zur Klimarekonstruktion, sondern sind eigentliches Untersuchungsobjekt, so stehen die Beziehungen zwischen Organismus und Klima (Paläoautökologie) im Vordergrund. Temperatur und – im kontinentalen Bereich – Luftfeuchtigkeit sind wesentliche Selektionsfaktoren, die den Verlauf der Evolution entscheidend beeinflussen. Sie bestimmen Anpassung, Aussterben und Wanderungsbewegungen von Arten.

Rekonstruktionen von Klimaschwankungen führen zu allgemeinen Gesetzmäßigkeiten, die in jüngerer Zeit vor allem in Hinblick auf Klimavorhersagen großes Interesse gefunden haben. Seitdem die anthropogene Beeinflussung der Atmosphäre das globale Klima (und damit auch die Höhe des Meeresspiegels) entscheidend zu verändern droht, ist die Paläoklimaforschung zunehmend ins Blickfeld der Öffentlichkeit gerückt. „Hochrechnungen" zukünftiger Klimaveränderungen sind nur mit Kenntnis der nicht-anthropogen beeinflußten Trends möglich, die ihrerseits nur aus der vorzeitlichen Entwicklung des Paläoklimas ableitbar sind. Erschreckend und mahnend zugleich wirkt z. B. die am pleistozänen Beobachtungsmaterial gewonnene Erfahrung, daß sich einschneidende Klimaänderungen im Zeitraum von nur wenigen hundert Jahren vollziehen können.

Ideell und materiell wird die Klimaforschung, an der die Paläontologie einen ganz wesentlichen Anteil hat, vor allem durch das Weltklimaforschungsprogramm und in der Bundesrepublik Deutschland durch das Bundesministerium für Forschung und Technologie (BMFT) gefördert. Auch in Zukunft wird im Bereich der Paläontologie die Klimaforschung eine zentrale Aufgabe sein.

2.8 Biogeochemie

Die Biogeochemie untersucht organische Verbindungen, Elemente und Isotopen, die Auskunft über Weichteile und Weichteilreste fossiler Organismen, ihre Stoffwechselprodukte sowie über diagenetische Derivate von Weichteilen geben. Sie betrachtet ihren Einfluß auf das chemische Milieu in Sedimenten in der Hydrosphäre und Atmosphäre. Damit vereinigt sie biochemische und geochemische Fragestellungen und Methoden und steht in Beziehung zu den Fachgebieten der Kohlepetrographie, Chemie der Kohlenwasserstoffe und Isotopenchemie.

Seit seinem Erscheinen vor ca. vier Milliarden Jahren hat das Leben das chemische Regime an der Oberfläche der Erde entscheidend mitgestaltet. Dadurch, daß Lebensprozesse negative Entropie aufbauen, entsteht ein thermodynamischer Gradient, der die Triebfeder für eine Reihe wichtiger geochemischer Umsätze ist. Der Sauerstoffgehalt unserer Atmosphäre ist das Ergebnis biologischer Photosynthese. Er sorgt für oxidative Verwitterung an der Erdoberfläche, deren Produkte wir ca. zwei Milliarden Jahre in die Erdgeschichte zurückverfolgen können. Seit mindestens diesem Zeitpunkt sorgen sulfatreduzierende Bakterien für die Freisetzung von Schwefelwasserstoff, wodurch im marinen Flachwasserbereich Eisen- und Buntmetallgehalte des Meerwassers als wichtige Erzlagerstätten ausgefällt wurden. Auch für die Bildung von Phosphatlagerstätten ist die Mitwirkung von Organismen wichtig oder gar essentiell. Der reduzierende Charakter der in Sedimentbecken sich ablagernden organischen Substanz hat bei gedrosselter Sauerstoffzufuhr letztlich zur Entstehung der fossilen Energieträger Kohle, Gas und Erdöl geführt, dies möglicherweise auch bereits seit dem Präkambrium. Mikroben steuern Sediment- und Fossildiagenese.

Mikroben stehen am Beginn der Lebensentwicklung. Dieser Teil der biologischen Evolution (einschließlich der zeitlichen Einordnung wichtiger „Sprünge", wie dem Erscheinen der Photosynthese oder der dissimilatorischen Sulfatreduktion) ist ohne biogeochemische Untersuchungen nicht aufzuhellen.

Neben der Wechselwirkung zwischen Lebewelt und Atmosphäre haben sich die Beziehungen zwischen der Chemie bzw. der „Paläochemie" der Hydrosphäre und den Organismen wechselseitig geprägt. So wurde das relativ plötzliche und gleichzeitige Auftreten der ersten Karbonat-Skelette in den verschiedensten Tiergruppen vor ca. 600 Mio. Jahren möglicherweise durch eine seinerzeitige Anhebung des ozeanischen Kalziumspiegels auf sein heutiges Niveau verursacht.

Biochemische Prozesse führen bei einigen Elementen zur Anreicherung charakteristischer Isotope. Diese werden benutzt, um fossile Ereignisse oder Milieubedingungen zu rekonstruieren. So lassen die Isotopenverhältnisse beim Sauerstoff Aussagen über das Paläoklima zu. In fossilen Sedimenten lassen sich organisch gebildeter Kohlenstoff und karbonatgebundener Kohlenstoff unterscheiden; das radioaktive Isotop ^{14}C bietet durch seinen längerfristigen Zerfall ein Mittel für die absolute Altersbestimmung von Sedimenten.

Kerogene als Endprodukt der Diagenese abgestorbener organischer Substanz erlauben dank jeweils unterschiedlicher Zusammensetzung die Unterscheidung terrestrischer, limnischer und mariner Lebensräume auch dort, wo keine auswertbaren Fossilien zur Verfügung stehen. Aminosäuren, ja ganze Aminosäurespektren können bei Fossilien erhalten sein. Sie bieten sich als Verwandtschaftsindikatoren an und – bei partiellem Zerfall – auch als absoluter Zeitmesser.

Diese und viele andere nicht minder wichtige Zusammenhänge und Einsatzmöglichkeiten der Biogeochemie sind zukunftsträchtig. Pionierarbeit ist von deutschen Forschern geleistet worden. Der Ausbau der Forschungsrichtung verlangt ein teures Instrumentarium und setzt eine enge Zusammenarbeit zwischen Paläontologen, Geologen, Biologen und Chemikern voraus.

3 Paläontologische Forschungsrichtungen in der Anwendung

Angewandte Paläontologie in der Erdölindustrie

Die Aufgaben der angewandten Paläontologie liegen in der biostratigraphischen Korrelation kohlenwasserstofführender Sedimentfolgen und der Faziesanalyse der Sedimentkörper. Gemeinsam mit der Sedimentpetrographie, Geochemie und Geophysik arbeitet die angewandte Paläontologie an der Analyse kohlenwasserstoffhöffiger Sedimentationsbecken.

3.1 Mikropaläontologische Datierungen

Seit der Erkenntnis, daß ein detailliertes Wissen über die stratigraphische Abfolge der Gesteinsformationen Voraussetzung für die Exploration auf Erdöl und Erdgas ist (sog. Kohlenwasserstoff-Lagerstätten), gehört die Biostratigraphie zu den traditionellen Aufgabenbereichen der angewandten Paläontologie. Da aus Bohrungen höchst selten Megafossilien gewinnbar sind, entwickelten sich schon sehr früh mikropaläontologische Arbeitstechniken, die mit ansteigender Explorationstätigkeit zunehmend an Bedeutung gewannen.

So wurden in Deutschland insbesondere seit 1935 und nach dem 2. Weltkrieg durch verschiedene Mikropaläontologen der Erdölindustrie und der geologischen Ämter die Untersuchungen intensiv vorangetrieben. Diese Bemühungen, eine biostratigraphische Basis zu schaffen, fanden in einer Reihe von Einzelveröffentlichungen ihren Niederschlag und führten schließlich zur Veröffentlichung eines Doppelbandes „Leitfossilien der Mikropaläontologie“ (1962), verfaßt von einem Autorenkollektiv deutscher Mikropaläontologen. Obwohl teilweise revisionsbedürftig, ist dieses Werk auch heute noch das einzig verfügbare mikropaläontologisch/stratigraphische Standardwerk für den deutschen Bereich.

Die Qualität und damit die Verläßlichkeit von Standardlogs elektronischer Bohrlochmessungen hängen wesentlich davon ab, inwieweit ihre ständige biostratigraphische Eichung erfolgt. Diese ist besonders dort unerläßlich, wo in Explorationsregionen Schichtlücken und tektonische Verstellungen auftreten und es häufig zu vertikalen und lateralen Fazieswechseln kommt.

Die laufende biostratigraphische Kontrolle der Bohrlochmessungen führt zu einer ständigen Komplettierung und Aktualisierung von Verbreitungskarten sowie einer Verfeinerung der mikrobiostratigraphischen Abgrenzungsmöglichkeiten von Gesteinsformationen. Exploration und Ausbau der Erdöl- und Erdgasfelder, z. B. in der Nordsee, wären ohne verfeinertes biostratigraphisches Auflösungsvermögen und biostratigraphische Eichung der Bohrlochmessungen sehr viel schwieriger gewesen. Von großem Vorteil erwies sich hier, daß mit Hilfe der faziesübergreifenden mikrofloristischen Bestandteile (→ Paläopalynologie) marine und terrestrische Sedimente exakt miteinander korreliert werden konnten.

Mit Hilfe der Mikrofossilien wird der Verlauf von Explorations-, Produktions- und seismischen Bohrungen überwacht. An typischen Fossilien und Fossilgemeinschaften können schon während des Bohrverlaufs geologische Profile kontrolliert bzw. nach Formationen gegliedert und Abweichungen in der Schichtfolge, z. B. Lücken oder Verdoppelungen, erkannt werden. Hierdurch ist es möglich, Kerne wunschgemäß zu plazieren und Verrohrungsteufen exakt festzulegen. Es gehört zu den Aufgaben der Mikropaläontologie, die Herkunft nachfallenden Spülguts zu bestimmen, um durch gezielte Gegenmaßnahmen den Bohrablauf zu sichern. Fehlentscheidungen, insbesondere beim Setzen der Verrohrung, können sehr kostspielig sein und im Extremfall sogar das Ziel der Bohrung gefährden. Insbesondere im kostenintensiven Offshore-Bereich ist die unmittelbare präzise biostratigraphische Ansprache der durchteuften Sedimentgesteine sehr wichtig.

Je nach Auftrag und Zielsetzung wird nach Beendigung einer Bohrung das Schlußprofil aus biostratigraphischen Daten und elektrischen Bohrlochmessungen erstellt. Auch die Schaffung von stratigraphischen Standardlogs elektrischer Messungen ist meist nur über eine mikropaläontologische Bearbeitung möglich. Von exakten Schichtgrenzen und der genauen Kenntnis über Schichtlücken, Störungen, Verdoppelungen, Transgressionen, Regressionen, Omissionen und inversen Lagerungsverhältnissen hängen wiederum der Wert großräumiger Mächtigkeitskartierungen, die Kenntnis über Alter, Ausdehnung und Geometrie von Speichern, tektonische Interpretationen und die Rekonstruktion der Versenkungsgeschichte ab. Die feinstratigraphische Untersuchung der einzelnen Speicherhorizonte ist Voraussetzung für die Interpretation der Druckverhältnisse in einer Kohlenwasserstoff-Lagerstätte.

Zur Lösung von Problemen und Fragen bei der Förderung und Produktionsplanung von Erdöl- und Erdgas leistet die Mikropaläontologie wichtige Beiträge. So kann etwa die Teufe von Bohrleckagen in Fördersonden mikrofaunistisch bestimmt werden. Auch bei sekundären und tertiären Verfahren treten mitunter Verstopfungsprobleme auf, die mikropaläontologisch auf ihre Ursache untersucht werden. Das Untersuchungsergebnis hat Auswirkungen auf zukünftige Bohrungen und Rohrauslegungen.

3.2 Paläoökologische Analysen

Paläoökologische Interpretationen von Speicherhorizonten und Muttergesteinen innerhalb eines Ablagerungsraumes sind Voraussetzungen für Vorhersagen über laterale und vertikale Faziesveränderungen. Mikrofaunen und -floren bilden dabei eine der wichtigsten Grundlagen für die Rekonstruktion des Ablagerungsraumes.

Die paläobathymetrische (ehemalige Wassertiefe im Ablagerungsraum) Analyse von Mikrofaunen und -floren ist von Bedeutung für die Rekonstruktion der Entwicklung eines Beckens und damit für die Bildung und Konservierung von Kohlenwasserstoffen. Aus Beobachtungen spezifischer Fossilgemeinschaften können Anstiege, Stillstände und Absenkungen einstiger Meeresspiegel rekonstruiert werden. Sie geben Hinweise darauf, ob ein Speichergestein weitgehend zeitgleich oder diachron sedimentiert wurde und damit bestimmte Bilder in seismischen Aufnahmen zeigt, die aufgrund der paläontologischen Information weiter verfolgt und kartiert werden können.

Ein weiterer Beitrag zur Faziesanalyse liegt in der Abschätzung der ehemaligen Wassertiefe, innerhalb der ein Sedimentkörper abgelagert wurde. So können Ablagerungen in Deltas und im Gezeitenbereich, vor allem auch in elektrischen Bohrlochmessungen, bestimmten Tiefwassersedimenten, nämlich bathyalen oder abyssalen Turbiditen, sehr ähnlich sein, doch unterscheiden sie sich grundlegend durch ihren Fossilinhalt.

Die vertikalen, paläobathymetrischen Abfolgen innerhalb der Profile können zur Erstellung paläobathymetrischer Karten verwendet werden, in denen die Topographie des Meeresbodens während aufeinanderfolgender Zeitabschnitte dargestellt wird. Aus der Aufeinanderfolge solcher paläobathymetrischer Einzelkarten resultiert die Rekonstruktion der Entwicklung eines Sedimentationsraumes (Subsidenzgeschichte), welche die kartierten Bereiche der verschiedenen Ablagerungsmilieus wie Becken, Schelf, Delta-, Lagunenbereiche sowie Verlauf der Küstenlinie widerspiegeln.

Die Erarbeitung paläobathymetrischer und palynofazieller Daten ist vor allem im Zusammenhang mit der seismischen Stratigraphie von großer Bedeutung.

3.3 Neue Explorationsmöglichkeiten durch die Palynologie

Die Palynologie befaßt sich mit den säureunlöslichen mikroskopischen Überresten vor allem von Pflanzen (Sporen, Pollen, pflanzliche Einzeller wie Dinoflagellaten, Acritarchen etc.). Sie werden unter dem Sammelbegriff „Palynomorphe" zusammengefaßt.

Die Paläopalynologie hat sich zu einem eigenständigen Bereich neben der Mikropaläontologie und Paläobotanik entwickelt, dem vor allem auch in der Industrie große Bedeutung zukommt. So werden etwa die in der Nordsee durchbohrten Schichtfolgen weitgehend mit Hilfe von Palynomorphen datiert und korreliert. In weiten Abschnitten der geologischen Zeitskala (z. B. Präkambrium und früheres Paläozoikum, frühes Mesozoikum) sind Palynomorphe für die Datierung der Sedimente nützlicher als andere Mikrofossilien. In manchen Ablagerungsbereichen, besonders in Sedimenten des Festlandes, des Süßwassers und von Deltagebieten stellen Palynomorphe oft die einzigen verwendbaren Mikrofossilien dar (Abb. 13).

In jüngster Zeit haben palynostratigraphische Einstufungen in metamorphen Gesteinen durch lichtreflexionsoptische Methoden die Möglichkeiten der stratigraphischen Aussagen sehr stark erweitert und damit direkt Einfluß auf die Rekonstruktion der großtektonischen Entwicklung von Sedimentationsräumen (Beckenanalyse) genommen. Für zukünftige Tiefenexplorationsvorhaben auf Kohlenwasserstoffe erhöht sich dadurch der Stellenwert palynologischer Arbeitstechniken.

Ein wichtiges Teilgebiet der Palynologie ist die Untersuchung von Kohlen und der in den Sedimenten vorkommenden Partikel organischer Herkunft. Dabei werden nicht nur Herkunft, Menge und Reifegrad der organischen Materie festgestellt, sondern auch die Qualität und Quantität eventuell zu erwartender Rohstoffe. So ist dieser Zweig der Palynologie nicht nur in der Erforschung von Kohlenlagerstätten, sondern auch in der Exploration von Erdöl und Erdgas selbst sehr wichtig geworden.

Zukünftige Aufgaben der Palynologie liegen u. a. in einer Verfeinerung der Datierungsmöglichkeiten, in der Untersuchung von bis jetzt noch ungenügend

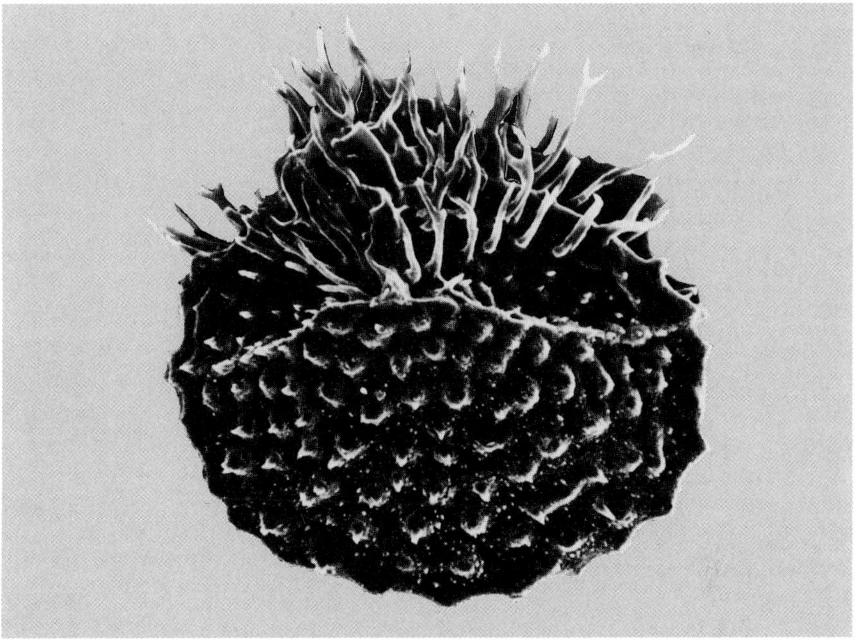

Abb. 13: Palynologie, kontinentale Paläoökologie, Angewandte Paläontologie. *Nathorstisporites hopliticus* Jung. Weibliche Spore (Megaspore) eines Farns aus dem unteren Lias von Mittelfranken. Die Palynologie ermöglicht biostratigraphische Einstufungen vielfach auch dort, wo andere Datierungsmethoden versagen. Landpflanzen sind wichtige Anzeiger für die ehemaligen Lebensbedingungen und die Klimaentwicklung auf den Kontinenten. (60fach vergrößert).

bekannten Zeitabschnitten und Ablagerungsbereichen sowie in der Verbesserung des Wertes von Palynomorphen als Faziesindikatoren. Weiterhin müssen die qualitative und quantitative Veränderung in der Zusammensetzung der marinen und terrigenen Biomasse – bei welcher den Palynomorphen, als den oft einzigen noch erhaltenen Vertretern der Primärproduzenten, eine kaum zu überschätzende Rolle zukommt – genauer erforscht werden.

Obschon in Deutschland die Palynologie auf einer bedeutenden Tradition fußt, gibt es heute nur noch sehr wenige Institutionen, an welchen Palynologen in Forschung und Lehre tätig sind. Stellen, die von Palynologen besetzt wurden, sind in den letzten Jahren umgewidmet oder gestrichen worden; weitere stehen auf der Streichungsliste, und dies, obwohl die Paläopalynologie zu den zukunftsträchtigsten Teilgebieten der Paläontologie gehört.

3.4 Reifegrad der organischen Materie in Sedimentgesteinen

Mit Hilfe der thermisch bedingten, farblich von hell nach dunkel abgestuften Veränderung des Sporopollenins von Palynomorphen können schnell und unkompliziert Aussagen zum Reifegrad (Maturation) der organischen Materie in einem Sedimentgestein gemacht werden. So werden unmittelbar mit dem Bohrfortschritt einhergehende Angaben über das Erreichen oder Verlassen eines Erdöl- bzw. Gasfensters ermöglicht. Für die angewandte Paläontologie eröffnet sich damit die Möglichkeit, entscheidend zur Wirtschaftlichkeit von Explorationsbohrungen beizutragen.

In den vergangenen Jahren sind organisch-geochemische Gesteinsuntersuchungen häufig ohne begleitende biostratigraphische oder paläoökologische Arbeiten durchgeführt worden. Dieser Umstand sowie die Tatsache, daß Modellvorstellungen in der organischen Geochemie im allgemeinen unumstößliche Aussagekraft in Anspruch nehmen, haben häufig dazu geführt, geochemische Untersuchungsergebnisse vorschnell anzuerkennen. Deshalb sollte ein Schwerpunkt der angewandten Paläontologie in der Zukunft darin bestehen, jene biostratigraphischen und paläoökologischen Daten zu liefern, die erst die Grundlage für weiterführende geochemisch/kohlenpetrographische Untersuchungen bilden. Diese Verknüpfung paläontologischer und geochemischer Arbeitstechniken ist beispielsweise dort notwendig, wo die Schichtfolgen durch intensive tektonische Bewegungen gestört sind. So muß die routinemäßige Erstellung von Inkohlungsprofilen oder Versenkungsdiagrammen im Bereich von Salzstöcken ohne die Berücksichtigung paläontologischer Daten unweigerlich zu Fehlinterpretationen der Inkohlungsdaten führen.

Ein weiteres Aufgabengebiet der angewandten Paläontologie ist die lichtmikroskopische Analyse von Muttergesteinen und deren Reifebewertung. Notwendig ist auch hier die enge Zusammenarbeit mit der organischen Geochemie, insbesondere bei der Bewertung der Kerogentypen hinsichtlich ihrer Herkunft und ihrer Ablagerungsbedingungen. Fluoreszenzoptische Betrachtungen der organischen Partikel (Macerale) erlauben dabei bessere Rückschlüsse auf das

Ablagerungsmilieu, während Fluoreszenzspektralmessungen an geeigneten Mikrofossilien Aufschluß über die regionale thermische Beeinflussung geben. Diese Untersuchungen sind auch an Spülproben während des Bohrens möglich, so daß das kostspielige Ziehen von Kernen unnötig wird.

Nicht nur mit pflanzlichen Organismenresten, sondern auch mit tierischen Mikrofossilien ist eine Abschätzung der thermischen Geschichte eines Explorationsraumes möglich. Insbesondere der Erhaltungszustand primär aragonitischer Schalen von Einzellern (Foraminiferen) und die Erhaltung der Schalen von Kleinkrebsen (Ostrakoden) lassen die unterschiedliche geothermische Überprägung der einzelnen Teilgebiete und der einzelnen geologischen Stockwerke erkennen. Der Grad der Deformation bestimmter Gruppen von Ostrakodengehäusen gibt darüber hinaus Aufschluß über die Kompaktionsverhältnisse altersgleicher Sedimentgesteine.

Die erfolgreiche Suche nach Kohlenwasserstoffen hängt in der Zukunft in großem Maße davon ab, wie sich die Zusammenarbeit der einzelnen geowissenschaftlichen Arbeitsrichtungen entwickelt. Hier besteht in der Erdölindustrie für eine moderne, angewandte Paläontologie die große Möglichkeit, grundlegende Daten anzubieten und durch Aneignung fachfremder Techniken selbständig auf biostratigraphisch-paläoökologischer Basis Teilgebiete innerhalb von multidisziplinären Studien abzudecken.

4 Bilanz und Perspektiven

Viele der heute im internationalen Rahmen aktuellen paläontologischen Forschungsthemen wurden in der Zeit vor dem 2. Weltkrieg maßgeblich durch deutsche Wissenschaftler geprägt. Dies gilt für die Biostratigraphie und Evolutionsforschung ebenso wie für die Paläoökologie und die vergleichende Beobachtung von rezenten und fossilen Lebensbereichen. Stellvertretend seien hier die Namen O. H. Schindewolf und R. Richter genannt. Auch in der heutigen paläontologischen Forschung kommt dem deutschen Beitrag eine wichtige Bedeutung zu. Als Beispiele können Biostratigraphie (Conodonten-Chronologie), Paläoökologie und Fazieskunde (Spurenfossilien, Mikrofaziesanalyse) und die Marine Mikropaläontologie und Paläoozeanographie (Planktonforschung) gelten. Herausragende Ergebnisse werden sowohl durch Einzelforscher (Beispiel: Evolution der frühen Arthropoden) als auch durch Arbeitsgruppen (Beispiel: Paläontologie von Messel) erzielt.

Die zukünftige Entwicklung der Paläontologie in der Bundesrepublik ist im wesentlichen mit folgenden Fragenkomplexen verbunden:

- Sicherstellung und Ausbau der paläontologischen Forschung innerhalb und außerhalb der Hochschulen,
- Förderung des wissenschaftlichen Nachwuchses,
- innovative Forschung.

4.1 Sicherstellung und Ausbau der paläontologischen Forschung

4.1.1 Organisationsform

Paläontologische Forschung wird in der Bundesrepublik überwiegend an Hochschulinstituten und Museen, zu einem sehr geringen Teil auch in der Industrie und in Geologischen Landesämtern durchgeführt. Eigenständige, nicht mit Universitäten verbundene paläontologische Forschungseinrichtungen sind selten (Forschungsinstitut Senckenberg, Frankfurt und Wilhelmshaven; Alfred-Wegener-Institut, Bremerhaven).

An den Hochschulen der alten Bundesländer der Bundesrepublik ist das Fach Paläontologie innerhalb der geowissenschaftlichen Fachbereiche an 28 Instituten vertreten. In vier Universitäten ist die Paläontologie als selbständiges Institut für Paläontologie organisiert, in den übrigen Hochschulen ist sie mit der Geologie in einem Institut organisatorisch verbunden. An 17 Universitäten bestehen 19 C4-Professuren. In zehn Universitäten wird Paläontologie durch eine C3-Professur bzw. Abteilung vertreten. Die Zahl der C2-, C3- und C4-Stellen liegt derzeit bei etwa 70 und ist durch Stellenumwidmungen und Stellenstreichungen im Rückgang begriffen. Die Anzahl der überwiegend im paläontologischen Bereich tätigen hauptamtlichen Mitarbeiter liegt bei etwa 50. Wie auch in anderen Fächern wird ein beträchtlicher Teil der aktuellen Forschung durch Drittmittelförderung ermöglicht.

An einige dieser Institute bzw. Lehrstühle sind Universitätsmuseen angeschlossen (Bonn, Erlangen, Göttingen, Kiel, Münster, Tübingen), die meist personell unterbesetzt sind und nur „nebenberuflich" von Hochschullehrern betreut werden.

Selbständige naturwissenschaftliche Museen und Sammlungen sind traditionsgemäß bevorzugte Forschungsstätten der Paläontologie, da meist nur hier wissenschaftliche Literatur und Vergleichssammlungen in der notwendigen Breite zur Verfügung stehen. Von diesen Einrichtungen wird auch die laufende Betreuung wichtiger Fossilfundstellen (z. B. Messel) und die Bergung wertvoller Funde geleistet (Abb. 14). Bedeutende Museen und Sammlungen in den alten Bundesländern finden sich beispielsweise in Darmstadt (Hessisches Landesmuseum, 2 Planstellen Paläontologie), Frankfurt (Forschungsinstitut und Natur-Museum Senckenberg, 11 Planstellen), Karlsruhe (Landessammlungen für Naturkunde, 3 Planstellen), München (Bayerische Staatssammlung für Paläon-

Abb. 14: Paläontologische Forschung umfaßt auch die Bergung bedeutender Fossilfunde und ihre Erhaltung für eine breite Öffentlichkeit.
Ausgrabung eines jungtertiären Elefantenvorläufers am Innufer bei Mühldorf. Abgüsse des Skeletts sind in der Bayerischen Staatssammlung für Paläontologie in München und im Senckenberg-Museum ausgestellt.

tologie und historische Geologie, 5 Planstellen) und Stuttgart (Staatliches Museum für Naturkunde, 9 Planstellen).

Auch in diesen Museen können nicht alle Teilgebiete der Paläontologie durch Wissenschaftler betreut werden, wie dies im Hinblick auf die sehr wertvollen und umfangreichen Sammlungsbestände wünschenswert wäre. In zunehmendem Maß übernehmen Museen Tätigkeiten auf dem Gebiet der Erwachsenenbildung, der Landschaftspflege und des Umweltschutzes, ohne daß ein personeller Ausbau erfolgt.

In den neuen Bundesländern war die Paläontologie bisher nur wenig und in sehr unterschiedlichen Organisationsformen vertreten. Lediglich an den Universitäten Freiberg und Greifswald befanden sich Lehrstühle für dieses Fach. Daneben existierten Paläontologische Museen mit insgesamt nur sehr spärlicher Ausstattung an Wissenschaftlerstellen in Berlin (Paläontologisches Museum der Humboldt-Universität), Dresden (Staatliches Museum für Mineralogie und Geologie), Freiberg (Paläontologische Sammlung der Bergakademie), Gotha (Naturmuseum), Halle (Geiseltalmuseum der Universität Halle-Wittenberg) und Leipzig (Museum für Ur- und Frühgeschichte der Universität). Verglichen mit den alten Bundesländern ist das Fach Paläontologie in den Arbeitsrichtungen nur unvollständig entwickelt. Angesichts der anstehenden umfangreichen regionalen Forschungsaufgaben der Paläontologie in Ostdeutschland vom Paläozoikum bis zum Quartär ist ein Ausbau des Stellenplans dringend erforderlich.

In vielen Bundesländern gibt es regionale oder kommunale Museen mit oft bedeutenden erdgeschichtlichen Sammlungen (z. B. Aalen, Detmold, Eichstätt, Hildesheim, Konstanz), die aber nur in wenigen Fällen durch einen Fachpaläontologen betreut werden. Wissenschaftliche Forschung ist hier nur unter erschwerten Bedingungen möglich.

Anwendungsorientierte paläontologische Forschung in Industriefirmen (insbesondere in der Erdölindustrie) wurde durch die mit der Übernahme deutscher Firmen durch internationale Unternehmungen verbundene Reduktion der mikropaläontologischen Labors in ihrem Umfang reduziert. Die praxisbezogenen Arbeiten der derzeit wenigen in diesem Bereich tätigen Paläontologen tragen jedoch wesentlich zu Innovationen in der paläontologischen Forschung bei. Als Beispiel sei auf palynologische und mikrofazielle Untersuchungen von Erdölspeicher- und Erdölmuttergesteinen hingewiesen.

An der Bundesanstalt für Geowissenschaften und Rohstoffe in Hannover sowie in den Geologischen Landesämtern ist die traditionsreiche paläontologische Forschungsarbeit, insbesondere auf dem Gebiet der Biostratigraphie, weitgehend zum Erliegen gekommen: Ein Teil der Paläontologie-Stellen wurde in den letzten Jahren umgewidmet oder ersatzlos gestrichen, um andere Disziplinen der Geowissenschaften ausbauen zu können. Ein derartiges Vorgehen erweist sich bereits jetzt als übereilt und kurzsichtig, da die für die geologische Landesaufnahme notwendigen Daten meist nur mehr durch kollegiale Hilfe der an Hochschulinstituten tätigen Wissenschaftler beschafft werden können.

Die Gesamtzahl der in der Bundesrepublik tätigen Paläontologen dürfte – ohne Berücksichtigung der Doktoranden – bei etwa 220 liegen, davon entfallen auf die neuen Bundesländer ca. 50. Es darf jedoch nicht vergessen werden, daß einige Bereiche der paläontologischen Forschung zusätzlich durch Geologen, und im geringeren Umfang auch durch Biologen, abgedeckt werden. Dies gilt insbesondere für die Biostratigraphie, Fazieskunde und Paläoozeanographie.

4.1.2 Forschungsinteressen und Forschungsförderung

Einen Hinweis auf die derzeitigen Forschungsinteressen liefert die Auswertung der von der Deutschen Forschungsgemeinschaft seit 1980 unterstützten paläontologischen Projekte (Abb. 15). Hierbei muß zwischen Einzelprojekten (Normalverfahren) und Projekten im Rahmen von Schwerpunktprogrammen und Sonderforschungsbereichen unterschieden werden:

Einzelprojekte im Normalverfahren der DFG

Anteil der Paläontologie nimmt zu

Der Anteil der im Normalverfahren geförderten paläontologischen Projekte an der Gesamtmenge der geowissenschaftlichen Forschungsprojekte ist zwischen 1980 und 1990 im Gesamttrend angestiegen (1980 – 15,3 %; 1983 – 17,6 %; 1986 – 19,3 %, 1987 – 20,8 %; 1988 – 17,2 %; 1989 – 13,7 %, 1990 – 21,6 %). In Zahlen ausgedrückt, ergeben sich folgende Werte: 1980 – 49 Projekte, 1983 – 92 Projekte, 1986 – 103 Projekte, 1987 – 113 Projekte, 1988 – 94 Projekte, 1989 – 83 Projekte, 1990 – 120 Projekte.

Keine wesentliche Änderung der Forschungsinteressen seit 1980?

Bei einer Zuordnung der Projekte zu Teilgebieten der Paläontologie zeigt sich für die Jahre 1980, 1983, 1986 und 1987 bis 1990 die in Abbildung 15 (bezogen auf die Gesamtzahl der Vorhaben) wiedergegebene Verteilung.

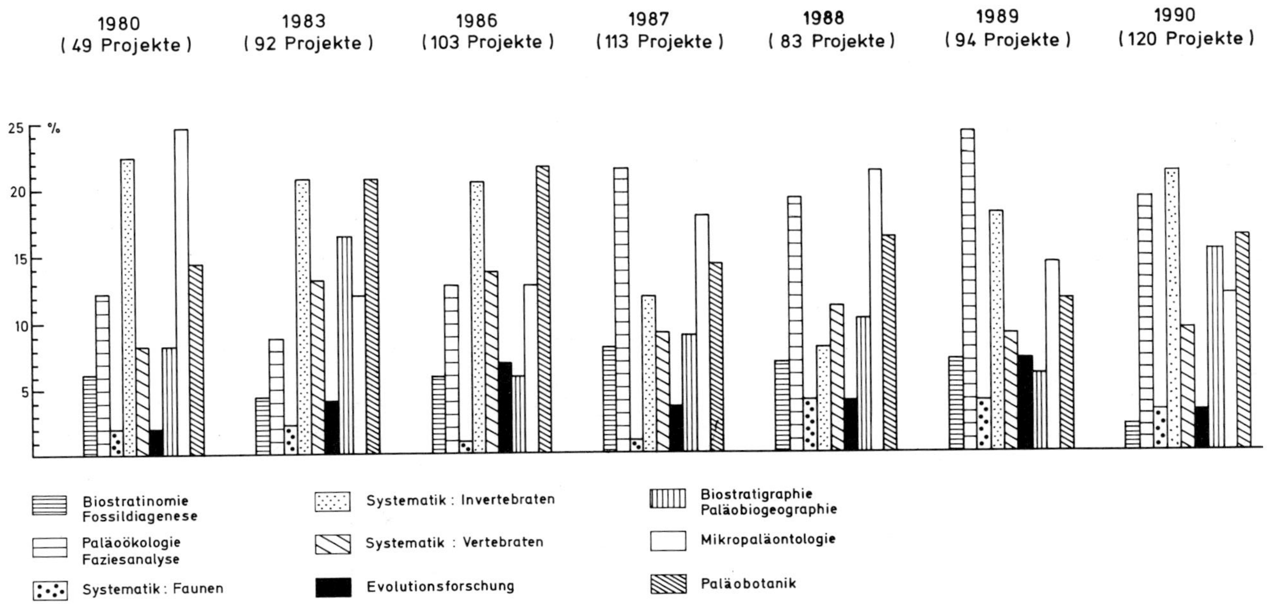

Abb. 15: DFG-Projekte der Paläontologie im Normalverfahren, nach Teilgebieten gegliedert (in Prozent).

In den meisten Teilgebieten ist über den Zeitraum zwischen 1980 und 1986 anscheinend keine wesentliche Änderung der Forschungsinteressen zu beobachten. Dies gilt für Untersuchungen über Biostratinomie und Fossildiagenese, Paläoökologie und Fazies, systematische Beschreibungen von Invertebraten und Vertebraten und auch für die Paläobotanik. Auffallend ist der sehr geringe Anteil an systematischen Untersuchungen von Faunen. Der Anteil von Projekten über Probleme der Evolutionsforschung ist ebenfalls gering, steigt jedoch in den letzten Jahren (zum Teil bedingt durch die „Bioevent"-Forschung) an. Das Interesse an systematischen mikropaläontologischen Untersuchungen scheint abzunehmen (jedoch muß berücksichtigt werden, daß in der Gruppe „Biostratigraphie" ebenfalls mikropaläontologisch ausgerichtete Projekte enthalten sind und daß die „Marine Mikropaläontologie" im beträchtlichen Umfang außerhalb des Normalprogramms gefördert wird!). Die Vertebratenforschung sowie die paläobotanische Forschung haben seit 1980 im Umfang zugenommen. Die Paläobotanik (einschließlich Palynologie und Untersuchungen über Algen) hat nun mit der Invertebraten-Paläontologie gleichgezogen; die Zahl der palynologischen Projekte hat sich in diesem Zeitraum deutlich erhöht.

Seit 1987 steigt auch die Zahl der Untersuchungen über Probleme der Paläoökologie und Fazieskunde (zum Teil bedingt durch die Intensivierung der Riff-Forschung) und über mikropaläontologische Fragestellungen bis 1990 in auffallender Weise an. In den letzten Jahren werden zudem in verstärktem Umfang systematisch orientierte und paläobotanische Projekte gefördert.

Bei der Interpretation der Daten muß bedacht werden, daß einschneidende Änderungen in den Forschungsinteressen nur langsam vor sich gehen.

Einzelforschung bei der Untersuchung von Invertebraten – Konzentration bei der Bearbeitung von Vertebraten

Im Gegensatz zur Vertebraten-Paläontologie, wo eine starke Konzentration auf Untersuchungen über känozoische Säugetiere festzustellen ist, läßt sich in der Invertebraten-Paläontologie eine deutliche Tendenz zu Einzelarbeiten erkennen: Die meisten Gruppen werden nur in wenigen Projekten untersucht. Eine Übersicht über alle im Normalverfahren im Zeitraum zwischen 1980 und 1990 geförderten Untersuchungen über Invertebraten zeigt, daß Foraminiferen, Cephalopoden und Trilobiten etwa zu gleichen Teilen an der Spitze stehen, gefolgt von Insekten, Conodonten und Bryozoen. Hierbei ist die Zahl der Projekte nicht unbedingt mit der Zahl der Antragsteller korrelierbar; bei einigen Gruppen wie Insekten oder Bryozoen sind es Einzelforscher oder nur wenige Wissenschaftler, die in relativ kurzer Zeit mehrere Projekte bearbeiten. Bei Mikrofossilgruppen (z. B. Foraminiferen, Conodonten) ist die Zahl der Bearbeiter sicher größer, als sie in dieser Aufstellung erscheint, da Untersuchungen dieser Gruppen verstärkt auch im Rahmen biostratigraphischer oder meeresgeologischer Projekte erfolgen. Vorerst schwache Ansätze zu einer intensiveren Bearbeitung zeigen sich in letzter Zeit bei Schwämmen, Korallen, Ammoniten und Trilobiten. Eine Einbeziehung der Daten bis 1990 ändert die skizzierte Tendenz nur geringfügig.

Fehlen von Spezialisten

Innovative paläontologische Forschung wird weitgehend davon abhängen, inwieweit es gelingt, das paläontologische Datenmaterial so aufzubereiten, daß moderne Fragen der Evolutionsforschung, der Biostratigraphie und Biofaziesforschung beantwortbar werden. Grundlage hierfür ist eine biologisch fundierte systematische Bearbeitung von vorliegenden und neu aufzusammelnden Faunen und Floren durch speziell geschulte Wissenschaftler. Hierbei ist es notwendig, daß durch die Existenz von Dauerstellen die Kontinuität in der Bearbeitung gesichert ist. Dies ist zum Teil noch in außeruniversitären Institutionen der Fall (Forschungsmuseum Senckenberg), kaum jedoch mehr an den Hochschulen der Bundesrepublik.

In der Bundesrepublik hat die Zahl der Spezialisten erheblich abgenommen: Bei den Wirbeltieren zeigt sich sehr deutlich, daß die niederen Vertebraten sowie die mesozoischen Säuger und die Vögel in der Bearbeitungsintensität unterrepräsentiert sind. Teilweise fehlen hier die Spezialisten, teilweise sind die Spezialisten nicht in der wünschenswerten Weise räumlich und im Hinblick auf die Zugangsmöglichkeit zu Vergleichssammlungen konzentriert.

Bei den Invertebraten ist die Situation zum Teil noch drastischer: Für viele Gruppen stehen nur ein bis drei Bearbeiter zur Verfügung (Radiolarien, Korallen, Schwämme, Stromatoporen, Bryozoen, Tentakuliten, Echinodermaten, Ostrakoden, Graptolithen). Bis zu fünf durch Dauerstellen gesicherte Spezialisten bearbeiten Trilobiten, Brachiopoden und Muscheln. Etwas höher ist die Zahl der Spezialisten für Foraminiferen, Gastropoden und Cephalopoden.

Berücksichtigt man die Forschungsarbeit der in Zeitstellen tätigen Wissenschaftler, so ergibt sich selbstverständlich eine (allerdings nur sporadische) Verbesserung dieser sehr unbefriedigenden Situation. Systematische paläontologische Arbeit ist jedoch Langzeitforschung, deren zeitliche Begrenzung ineffektiv und vielfach auch unwirtschaftlich ist.

Paläontologie in Großforschungsprojekten

Seit Ende des Tübinger Sonderforschungsbereichs „Palökologie“ im Jahre 1984 fehlt in der Bundesrepublik ein bevorzugt paläontologisch orientiertes Großforschungsprojekt. Dies wird jedoch zum Teil durch den deutlich ansteigenden Beitrag der Paläontologie im Rahmen verschiedener geo- und biowissenschaftlicher Großforschungsprojekte ausgeglichen.

Sonderforschungsbereiche

Paläontologische Untersuchungen werden in den Sonderforschungsbereichen 69 („Geowissenschaftliche Probleme in ariden Gebieten“; Berlin), 230 („Natürliche Konstruktionen – Leichtbau in Natur und Technik“; Stuttgart/Tübingen), 313 („Veränderungen der Umwelt: Der nördliche Nordatlantik“; Kiel), 261 („Der Südatlantik im Spätquartär“; Bremen) und 350 („Wechselwirkungen kontinentaler Stoffsysteme und ihre Modellierung“; Bonn) durchgeführt. Das hierbei angesprochende Themenspektrum reicht von biostratigraphischen und paläoökologischen Untersuchungen über Probleme der Evolutionsforschung bis zu paläoozeanographischen Fragen.

Schwerpunktprogramme

Aspekte der Palöoozeanographie und Paläoklimatologie bilden die Themen paläontologischer Arbeiten im Rahmen der Schwerpunktprogramme „Ocean Drilling Project“, „Meteor-Expeditionen“, der „Auswertung der Meteor-Expedition“ und „Antarktisforschung“. Bezogen auf die Gesamtzahl der Einzelprojekte liegt der Anteil paläontologischer Untersuchungen im ODP/DSDP-Schwerpunkt derzeit bei etwa 40 Prozent. Im Schwerpunktprogramm „Globale und regionale Steuerungsprozesse biogener Sedimentation“ belaufen sich die paläontologisch orientierten Projekte in den beiden Themenkreisen „Riff-Evolution“ und „Kreide-Sedimentation“ auf etwa 30 Prozent.

Weitere Großforschungsprojekte

Paläontologische Fragestellungen, vorwiegend aus den Bereichen Biostratigraphie und Fazieskunde, aber auch Systematik und Paläobiogeographie wurden auch im Rahmen der Berliner Forschergruppe „Mobilität aktiver Kontinentalränder“ behandelt.

Hinzu kommen die am Alfred-Wegener-Institut für Polarforschung, Bremerhaven, durchgeführten paläoklimatologischen Untersuchungen, bei welchen

Paläontologen im interdisziplinären Verbund mit Meeresbiologen und Meeresgeologen einen wesentlichen Beitrag zur Klimaforschung leisten.

Flexibilität in der Forschungsförderung

Nicht alle „klassischen" Teilgebiete der Paläontologie werden im bisherigen Umfang weitergeführt werden können. Um neue Entwicklungen innovativ und rasch aufgreifen zu können, müssen Möglichkeiten geschaffen werden, die eine Konzentration der Forschungsförderung erlauben. Ein sehr wesentlicher Teil der paläontologischen Forschung in der Bundesrepublik wird von Wissenschaftlerinnen und Wissenschaftlern durchgeführt, die aus Drittmitteln finanziert werden. Eine Verstärkung der Drittmittelforschung erscheint dringend notwendig. Hierbei sollten folgende Punkte berücksichtigt werden:

- Schaffung von zeitlich begrenzten Forschungsschwerpunkten und interdisziplinären Forschergruppen an den Universitäten.
- Verstärkte Förderung der außeruniversitären Forschungseinrichtungen, die vielfach eher in der Lage sind als personell und finanziell eingeschränkte Hochschulinstitute, langfristige Projekte zu entwickeln und neue Forschungsthemen aufzugreifen.
- Einbindung der paläontologischen Forschung in internationale Großforschungsprojekte.

Drittmittelstellen müssen attraktiv und ausbaufähig sein. Voraussetzung dafür sind perspektivenreiche, zielgerichtete Forschungsprojekte, die von Arbeitsgruppen durchgeführt werden. Neue Forschungsinstitute wie z. B. das „Zentrum für Marine Geowissenschaften" GEOMAR (Kiel) zeigen die Vorteile einer langfristigen Forschungsplanung und eines zukunftsorientierten Forschungskonzeptes.

4.1.3 Fazit

Ist-Zustand

Paläontologische Forschung ist in der Bundesrepublik überwiegend auf Hochschulen konzentriert. Es bestehen nur wenige außeruniversitäre Forschungsinstitute.

Institutionell und vielfach auch im Hinblick auf ihre Forschungsansätze ist die Paläontologie in die Geowissenschaften eingebunden. Die grundsätzlich wichtige Einbindung in die Biowissenschaften muß bedeutend verstärkt werden.

Die Forschungsthemen sind breit gestreut. Schwerpunktbildungen bestehen in den Bereichen der marinen Mikropaläontologie, Biostratigraphie, Paläoökologie und Faziesanalyse sowie Vertebraten-Paläontologie. Auf diesen Gebieten leistet die Bundesrepublik einen wichtigen Beitrag zu internationalen Großforschungsprojekten.

In deutlicher Weise unterrepräsentiert sind – im Vergleich mit der internationalen Forschungsentwicklung – Evolutionsforschung, Teile der Invertebraten- und Vertebraten-Paläontologie sowie Untersuchungen zur Biostratinomie, Biomineralisation und Fossildiagenese. Ähnliches gilt für Teilbereiche der Paläobotanik und für die Palynologie. Paläontologische Forschung an den Geologischen Landesämtern und in der Industrie ist im Rückgang begriffen.

Ausbaumöglichkeiten

Das traditionell breite Spektrum der paläontologischen Forschung in Deutschland stellt eine günstige Basis für die Intensivierung der Forschung in vielen Bereichen dar. Dabei bildet der Ausbau der Systematik eine Grundvoraussetzung. Wesentliche zukünftige Forschungsthemen sind:

- Vergleichende Bauplanforschung, Konstruktions- und Funktionsmorphologie, Evolution der Baupläne, Biomineralisationsforschung;
- Paläoökologie, insbesondere im Hinblick auf die Erforschung der Ökosysteme in der Zeit und auf meeresgeologische Fragestellungen;
- Biostratigraphie mit dem Ziel einer wesentlichen Verfeinerung der geologischen Zeitskala und einer Vernetzung biostratigraphischer Skalen mit sequenzstratigraphischen Daten;
- Faziesforschung mit dem Ziel einer Rekonstruktion von Lebens- und Ablagerungsräumen und der Schaffung neuer Grundlagen für Beckenanalysen und Rohstoffprospektion.

Der Ausbau der modernen paläontologischen Evolutionsforschung wird durch die zunehmend stärkere Diskussion zwischen Biologen und Paläontologen (etwa über Probleme der Konstruktionsmorphologie und Systematik) erleichtert.

Für die Paläoökologie und auch für die Fazieskunde sind die Voraussetzungen insofern günstig, als hier zahlreiche Vorarbeiten vorliegen (Sonderforschungsbereich „Paläoökologie“; Mikrofazies; Marine Mikropaläontologie; Riff-Forschung).

Der Ausbau der biostratigraphischen Forschung hängt wesentlich davon ab, ob es gelingt, der systematisch-taxonomischen Basisarbeit wiederum die Bedeutung zurückzugeben, die sie als Grundlage aller weiterführenden Auswertungen haben muß. Dies gilt selbstverständlich auch für andere Teilgebiete wie Evolutionsforschung und Paläoökologie.

Die oben genannten Punkte werden auch im „Grauen Plan“ VIII (Perspektiven der Forschung und ihrer Förderung, Aufgaben und Finanzierung 1987–1990) der Deutschen Forschungsgemeinschaft angesprochen (Biostratigraphie, Neue Informationsbasis, Event-Forschung, Aktuopaläontologie, Messel-Projekt, Neue Methoden, Evolutionsforschung).

Die starke Einbindung deutscher Paläontologen in internationale Projekte (insbesondere in den Bereichen Biostratigraphie, Paläoozeanographie und Faziesanalyse), die maßgeblich von Wissenschaftlern der Bundesrepublik vorangetriebene „Bioevent-Forschung“ und der steigende Anteil deutscher Mikropaläontologen, die in der Meeres- und Klimaforschung tätig sind, stellen günstige Voraussetzungen für eine weitere positive Entwicklung der Paläontologie in der Bundesrepublik dar. Das interdisziplinäre „Messel-Projekt“ hat in seiner Problematik internationale Aufmerksamkeit erlangt.

4.1.4 Notwendigkeiten

Eine im internationalen Rahmen konkurrenzfähige paläontologische Forschung erfordert Kontinuität im Hinblick auf die an den Hochschulen verfügbaren Dauerstellen. Das zunehmend stärkere Fehlen von qualifizierten Spezialisten wird sich sowohl bei biowissenschaftlichen als auch bei geowissenschaftlichen Forschungsschwerpunkten auswirken.

Diesem Umstand könnte durch Konzentration auf bestimmte Problemkreise, aber auch durch eine gezielte Förderung des wissenschaftlichen Nachwuchses (z. B. im Rahmen von längerfristigen Forschungsstipendien) entgegengewirkt werden. Weitere Stellenstreichungen oder Umwidmungen im Hochschulbereich führen zu einem nicht mehr annehmbaren Qualitätsverlust und erschweren die notwendige innovative Forschungsentwicklung.

Effektive und konkurrenzfähige paläontologische Forschung an den Hochschulen erfordert eine Grundausstattung, deren „kritische Masse“ durch folgende Eckwerte umrissen werden kann:

- Möglichkeiten zur Diskussion und Zusammenarbeit: Dies setzt voraus, daß Paläontologie durch mehr als nur einen Fachwissenschaftler vertreten und die Diskussionsmöglichkeit mit Nachbarwissenschaften gegeben ist;
- ausreichende Fachbibliotheken;
- präparative Möglichkeiten, ausreichende technische Ausrüstung, Zugang zu Großgeräten und Datenverarbeitung;
- Vergleichssammlungen.

Die weitere erfolgreiche Mitwirkung der deutschen Paläontologie in internationalen Großprojekten der Meeres- und Klimaforschung, aber auch der Biostratigraphie und Sedimentforschung erfordert die Bereitschaft zu interdisziplinärer Zusammenarbeit und zu verstärkter Kooperation mit den Biowissenschaften.

Es sind intensive Anstrengungen nötig, um die Bedeutung der Paläontologie für die geologische Landesaufnahme klarzustellen.

Ähnliches gilt auch für den Einsatz paläontologischer Methoden in der Praxis. Eine moderne angewandte Paläontologie kann wesentliche Beiträge nicht nur in der Rohstoffexploration, sondern auch in der Umweltforschung leisten.

4.2 Förderung des wissenschaftlichen Nachwuchses

Die Ausbildung der Paläontologen ist in der Bundesrepublik gekennzeichnet durch die strenge Einbindung in den Diplom-Studiengang „Geologie-Paläontologie". Diese Situation ist wissenschaftshistorisch zu erklären. Sie läßt sich aber auch auf pragmatische Gründe stützen, da Berufschancen für Paläontologen – von den wenigen Stellen an Universitäten und Museen abgesehen – praktisch ausschließlich in geologienahen Anwendungsgebieten der Paläontologie, und zwar überwiegend mit biostratigraphischer Ausrichtung, bestehen.

Dieser Ausbildungsverbund ist von prominenten Paläontologen immer wieder mit dem Hinweis angegriffen worden, daß die im Rahmen der Ausbildung Geologie/Paläontologie vermittelbaren Kenntnisse keine ausreichende Basis abgeben, um den Anforderungen der Paläontologie in ihren biowissenschaftlichen Forschungszielen zu genügen. Dennoch kann eine Abtrennung der Paläontologie von der Geologie in der Ausbildung nicht wünschenswert erscheinen. Zwar sind die Gegenstände paläontologischer Forschung biologischer Natur, doch verlangt die volle Ausdeutung der paläontologischen Dokumente profunde Kenntnisse in Geologie, aber auch in Mineralogie und Geochemie. Dies gilt ebenso für die weitergehende Interpretation und die Integration der systematischen und paläobiologischen Ergebnisse in ein Gesamtbild paläoökologischer, paläogeographischer und paläoklimatologischer Rekonstruktionen. Eine Auflösung des bestehenden Ausbildungsverbunds würde insbesondere den Verlust des für Paläontologen so wichtigen interdisziplinären Denkansatzes bedeuten.

Dem widerspricht aber nicht, daß die Paläontologie daran interessiert sein sollte, immer wieder auch qualifizierte Absolventen der Botanik oder Zoologie für die paläontologische Forschung zu gewinnen. Das Kenntnisdefizit der aus dem Studiengang „Biologie“ zur Paläontologie stoßenden Forscher in geologischen Fragen kann in der Zusammenarbeit mit geowissenschaftlich ausgebildeten Paläontologen ohne weiteres aufgefangen werden. Andererseits ist ihr Eintrag an biologischem Hintergrundwissen sehr hoch einzuschätzen – etwa bei Themen der Evolutionsforschung, Konstruktionsmorphologie und Paläoökologie.

Leider sind die Bedingungen für eine Annäherung von Biologie und Paläontologie in der Ausbildung gegenwärtig nicht günstig. Die geringe Betonung von Morphologie und Stammesgeschichte innerhalb des derzeitigen Lehrangebots für Biologen hat – im Gegenteil – zu einer weitgehenden Trennung von Paläontologie und Biologie geführt. Das im Diplom-Ausbildungsgang „Biologie“ der Bundesrepublik nach der Rahmenordnung vorgesehene Curriculum läßt die Kluft erkennen, die sich zwischen diesen eng verwandten Fächern aufgetan hat.

Die Zahl der derzeit an einem paläontologischen Thema arbeitenden Doktoranden dürfte etwa 100 betragen. Hiervon wird wahrscheinlich ein Drittel den Versuch unternehmen, in der Forschung weiterzuarbeiten. Die Zahl der habilitierten Paläontologen ohne Professur liegt bei 15.

Bisher hat die Institution des Heisenberg-Stipendiums für die weitere Vorbereitung der Hochschullehrerlaufbahn im Bereich der Paläontologie positive Auswirkungen gehabt. Allerdings wird man nach Möglichkeiten suchen müssen, auch Langzeitforschungsprojekte zu fördern, wenn man den spürbaren Mangel an Spezialisten beheben möchte.

Dringend notwendig erscheint die frühzeitige Einbindung junger Wissenschaftler in internationale Großforschungsprojekte, wie dies zum Beispiel im Rahmen der Polarforschung oder der Meeresforschung bereits erfolgt.

4.3 Innovative Forschung

Neue Forschungsansätze und neue Untersuchungsmethoden zeichnen die Entwicklung der internationalen paläontologischen Forschung aus. Dies bedeutet auch für die deutsche Paläontologie Änderungen sowohl in der Betrachtungsweise als auch in der Art der Untersuchungen und im Umfang der erforderlichen finanziellen und apparativen Mittel.

4.3.1 Neue Forschungsansätze

Innovative paläontologische Forschung wird sich zunehmend aus primär biologischen Fragestellungen entwickeln. Dies gilt für den paläontologischen Beitrag zur Evolutionsforschung ebenso wie für die damit verbundenen Aussagen über Bereiche der Paläoökologie, Biomineralisation, Biogeochemie und Paläoklimatologie. Neben die beschreibende Morphologie muß eine die Kausalität der Morphologie berücksichtigende Betrachtungsweise treten. Von ihr sind Impulse für das Verständnis der Evolution zu erwarten.

In vielen Bereichen der Paläontologie wird, wie auch in anderen Geowissenschaften, eine globale Betrachtungsweise noch mehr in den Vordergrund treten müssen. Die internationale „Event-Forschung“ bezieht ihre wesentlichen Impulse aus der Paläontologie. Die dringend notwendige Verknüpfung der biostratigraphischen Zeitgliederung mit den durch die seismische und paläomagnetische Stratigraphie gegebenen Gliederungsmöglichkeiten sedimentärer Becken wird die Bedeutung der biostratigraphischen Forschung erhöhen.

Eine Erneuerung der paläontologischen Datenbasis ist dringend erforderlich. Für viele Geowissenschaftler ist die Paläontologie mit dem „everything is done“-Syndrom behaftet. Speziell für die Biostratigraphie und für paläoökologische Auswertungen führt dies zu einer Stagnation in der Weiterentwicklung und Verfeinerung der Aussagen. Die systematische Beschreibung neuer Faunen und Floren und die kritische Neubearbeitung und Aufbereitung des bisher beschriebenen Fossilinventars unter biologischen Gesichtspunkten muß dringend in Angriff genommen werden, sofern die Paläontologie ihre wesentliche Rolle bei der Beantwortung biologischer und geologischer Probleme ausbauen möchte. Die Notwendigkeit einer Modernisierung der Datenbasis wurde im internationalen Rahmen klar erkannt; in der Bundesrepublik wird systematische „beschreibende“ Arbeit noch vielfach mit „unmodern“ gleichgesetzt.

Wie auch alle anderen Naturwissenschaften ist die Paläontologie auf eine tragfähige und in der Bundesrepublik noch auszubauende interdisziplinäre Zusammenarbeit insbesondere mit verschiedenen Bereichen der Biologie, Chemie und Physik angewiesen. Innovative Forschung erwächst für die Paläontologie aus biowissenschaftlichen Fragestellungen und aus den Fortschritten und aktuellen Problemen in den Geowissenschaften. Das „neue Bild der Erde" beeinflußt die Paläontologie in nahezu allen Teilbereichen nachdrücklich.

4.3.2 Neue Methoden

Paläontologische Untersuchungen erfordern in immer stärkerem Maß den Einsatz von Großgeräten:

Rasterelektronenmikroskopie, Transmissionselektronenmikroskopie, Kathodolumineszenzmikroskopie und Fluoreszenzmikroskopie liefern bei Untersuchungen in den Bereichen Biomineralisation, Fossildiagenese, Mikrofazies und Biogeochemie grundsätzliche Daten über Feinstrukturen, Entstehung, Aufbau und Veränderungen der Organismenhartteile. Isotopengeochemische Untersuchungen liefern Daten zur Interpretation der Umweltparameter, die bei der Abschätzung der Klimaentwicklung in der geologischen Zeit von wesentlicher Bedeutung sind.

Mit Bildauswertungssystemen gekoppelte radiographische Untersuchungen liefern Aussagen über Weichteilorganisation, Hartteilmorphologie und Bauplanmuster der Fossilien.

Die Möglichkeiten der elektronischen Datenverarbeitung werden auch in die paläontologische Untersuchungsmethodik und in die Darstellung der Ergebnisse tief eingreifen:

Es ist dringend notwendig, paläontologische Datenbanken aufzubauen, die einen raschen Überblick über den taxonomischen Umfang der Fossilgruppen und über die einschlägige Fachliteratur ermöglichen. Hierdurch kann das paläontologische Material überschaubar gemacht werden. Die Mitarbeit deutscher Paläontologen am Aufbau internationaler Datenbanken sollte nachdrücklich unterstützt werden.

Die Interpretation evolutiver Veränderungen in der Bauplanforschung, und speziell der Konstruktionsmorphologie, kann durch den Einsatz computergestützter Simulationsmethoden wesentlich verbessert werden. Ähnliches ist im Zusammenhang mit Untersuchungen über paläoökologische und fazielle Parameter möglich.

Chemische und physikalische Präparationsmethoden müssen weiterentwickelt werden, um Fossilien aus bisher „fossilleeren“ Gesteinen zu gewinnen. Einen wesentlichen Schritt in diese Richtung stellt der in jüngster Zeit gelungene Nachweis von Mikrofossilien in metamorphen Gesteinen dar. Diese Untersuchungsrichtung sollte ausgebaut werden, da sie der Paläontologie neue Anwendungsbereiche erschließt (Überprüfung radiometrischer Altersdaten durch biostratigraphische Daten; neue Hinweise auf den Metamorphosegrad).

Ein weiterer Ausbau der Biogeochemie ist notwendig, um die Wechselwirkung zwischen biologischen Prozessen und anorganischen Umweltfaktoren für die geologische Vergangenheit zu rekonstruieren. Biogeochemische Untersuchungen erfordern den Einsatz aufwendiger Meßapparaturen, einen größeren, interdisziplinär aufgebauten Mitarbeiterstab und die Möglichkeit, über längere Zeit Arbeitsgruppen kontinuierlich aufbauen zu können. Die große Bedeutung der Untersuchung fossiler Stoffwechselprodukte für paläontologische, geologische und biologische Fragestellungen innerhalb internationaler Forschungsprojekte spricht dafür, diese Forschungsrichtung auch in der Bundesrepublik weiter auszubauen.

4.4 Perspektiven

In plakativer Weise können wesentliche Forschungsschwerpunkte der heutigen Paläontologie in vier Punkten zusammengefaßt werden:

Ein neues Bild der Evolution

Phylogenie und Klassifikation
Evolution von Biokonstruktionen
Biomineralisation
Evolutionsmuster in der Zeit
Ko-Evolution und Umwelt
Bioevent-Forschung

Ein neues Bild der Erdgeschichte

Organismenentwicklung und globale Tektonik
Organismenentwicklung und Entwicklung der Meere und Kontinente
Wechselbeziehungen Organismen/Sediment

Verstehen der Gegenwart und Zukunft aus der Vergangenheit

Klimaforschung
Ökosystemforschung
Umweltforschung
Biologische Katastrophen

Verbesserte Methoden der Rohstofferkundung

Verfeinerung stratigraphischer und paläogeographischer Methoden
Beurteilung der Maturität fossiler organischer Substanz
Erkennung von Speichergesteinen von Erzen und Kohlenwasserstoffen
Typisierung der Porositätsentwicklung in Karbonatgesteinen

Im Vergleich mit anderen Naturwissenschaften war die paläontologische Forschung bisher finanziell meist wenig aufwendig. Das liegt an der großen Bedeutung der direkten Beobachtung am Fossil, die auch heute eine unvermindert wichtige Rolle spielt. Doch führt die Erweiterung der Fragestellungen zusammen mit der Anwendung neuer Methoden dazu, an dem Fossilmaterial immer neue Informationsquellen zu entdecken. Dieser Informationszuwachs ist zum Teil nur durch den Einsatz modernster Untersuchungsgeräte und die Verfahren der Datenverarbeitung gewinnbar.

Die Erweiterung paläontologischer Fragestellungen ist mit der Notwendigkeit einer noch engeren Kooperation mit Nachbardisziplinen verknüpft. Im interdisziplinären Verbund arbeitet die Paläontologie gemeinsam mit der Geologie an dem Verständnis globaler Entwicklungen auf der Erdoberfläche. In der Zusammenarbeit mit den neontologischen Richtungen der Biologie trägt sie das Erkennen biologischer Phänomene an zeitlich geordneten Objekten der Erdgeschichte als die ihr eigene Dimension der Betrachtung bei.

Bildnachweis

Abb. 1	N. Schmidt-Kittler
Abb. 2	aus H.-J. Schweitzer 1990, kleine Senckenbergreihe Nr. 18, mit Genehmigung des Herausgebers
Abb. 3	K. J. Müller, D. Walossek
Abb. 4	N. Schmidt-Kittler, z. T. nach Skelton 1985, graphische Ausführung: M. Schäfer, Frankfurt
Abb. 5	W. v. Koenigswald
Abb. 6	W. Ziegler, graphische Ausführung: M. Schäfer
Abb. 7	N. Schmidt-Kittler
Abb. 8	F. Fürsich
Abb. 9	E. Flügel
Abb. 10	K. Vogel, J. Tochtenhagen
Abb. 11	umgearbeitet nach R. Henrich und Th. Wolf, graphische Ausführung: M. Schäfer
Abb. 12	N. Schmidt-Kittler
Abb. 13	W. Jung, R. Liebreich
Abb. 14	Fotos: F. Höck, N. Schmidt-Kittler; graphische Ausführung: M. Schäfer
Abb. 15	graphische Ausführung: M. Schmicking, Mainz